新流行 Fashion

化不可怕，理化真好玩

全世界都在玩的
科學遊戲

上

千奇百怪的化學天地・生活中的化學・魔術中的化學・玩轉物理・熱能的個性表演

腦力&創意工作室◎編著　藍彥文◎審訂

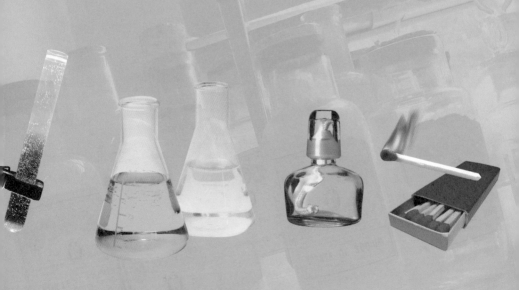

前 言

科學知識既不枯燥，亦不乏味，而是妙趣橫生。

真正的科學，它不是書本裡的條條框框，也不是遙不可及的神秘事物，它就悄悄地藏在我們每個人的身邊。許多生活中的小事，都暗含著無窮的科學道理，只是你尚無察覺而已。抬頭看看天空的白雲，低頭看看腳下的土地，再看看你周圍的一切，你不好奇嗎？你不想去探究嗎？

科學可以啟發人的智慧，遊戲則會帶來心靈的歡娛。當科學與遊戲撞出智慧的火花時，一切神秘和神奇的事，都會在本書中呈現！

你見過不用通電就可以點亮的燈泡嗎？你信不信水火可以相容呢？你想親手做一個保溫瓶嗎？你想成為一個百事通嗎？是什麼魔力讓紙做的花慢慢開放的？可樂罐又怎麼自己跳起舞來？冰又怎麼能讓熱水沸騰？

讀完這本書之後，你會找到所有的答案：生活原來是如此與眾不同！

如果你對物理和化學心生畏懼，無論怎麼努力也無法記住那些繁瑣的公式和原理，不妨翻開這本書。所謂興趣是最大的老師，我相信，你

一定可以從這些輕鬆有趣的遊戲中找到學習的樂趣之源！

　　魔術師神秘莫測的表演，會不會讓你疑雲重重，迫切想揭開謎底呢？編者可以高興地告訴你，本書收錄了很多有趣的魔術表演哦，並且這些的「技巧」和把戲都被一一揭曉了。看過之後，你甚至能對著朋友表演幾個小魔術呢，想一想，那是多麼有意思的事情啊！

　　總而言之，這本《全世界都在玩的科學遊戲》（上、下冊）將用圖文對照的方式伴你走過一段妙趣橫生、奇異魔幻的科學之旅。書中精心打造的200多個科學遊戲，旨在用隨手可得的材料，簡明易懂的步驟，驚奇有趣的結果，寓科學原理於遊戲中。它將幫助你突破思維的暗礁，從動手操作中，領略發現科學原理的妙處，讓知識改變你的生活。也許，下一個被「蘋果」砸到的人就是你！

　　科學就在你身邊，還猶豫什麼呢？快加入我們的行列，一邊快樂做遊戲，一邊輕鬆學知識，讓神秘盡在你手中實現吧！

　　最後編者需要提醒一下小朋友，書中有部分的科學實驗需要使用到化學原料以及火，具有些微的危險性，請在有家長或老師的陪伴下進行，以確保安全。

GO! >>

第一章
奇妙的化學世界　　9

第二章
多彩的物理王國

115

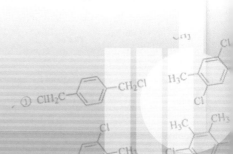

1

第一章

奇妙的化學世界

E=MC2

第一節

千奇百怪的化學天地

1、冰塊燃燒

　　常言道：「水火不容。」然而在科學領域，這句俗語被打破了：跳躍的火焰在冰塊上燃燒，水火相容在一起。更令人驚奇的是，使冰塊上燃起火焰的，不是火柴，不是打火機，也不是其他明火，而是一根玻璃棒。燃燒的冰塊持久不息，令人稱奇。趕緊嘗試一下這個科學遊戲吧！或許你會站在家庭聚會的舞台上，給眾人表演一段魔術呢！

遊戲道具

　　碟子一個，高錳酸鉀一粒或者兩粒，濃硫酸適量，玻璃棒一根，電石一小塊。

遊戲步驟

第一步：將高錳酸鉀研磨成粉末放入碟子內。

第二步：往碟子裡面滴入幾滴濃硫酸，用玻璃棒攪勻。

第三步：將電石固定在冰塊上，然後用玻璃棒觸碰冰塊。

遊戲現象

　　冰塊立刻燃燒起來。

科學揭秘

　　電石的化學名稱叫碳化鈣（分子式：CaC_2；外觀與性狀：無色晶體，工業品為灰黑色塊狀物，斷面為紫色或灰色；熔點（℃）：2300；主要用途：是重要的基本化工原料，主要用於產生乙炔氣，也

用於有機合成、氧炔焊接等）。

　　冰塊表面殘留少量的水，電石遇水後發生反應，產生一種名叫電石氣的氣體。電石氣化學名稱是「乙炔」，是一種易燃氣體。玻璃棒上的高錳酸鉀和濃硫酸，都是活動性很強的氧化劑。高錳酸鉀、濃硫酸和電石發出的乙炔氣混合在一起，能使乙炔氣迅速達到燃點，將乙炔氣點燃。乙炔氣點燃後形成高溫，使冰塊融化速度加快，產生更多水。這些水加速了和電石的反應，進而形成更多乙炔氣。這樣的複合反應，使冰塊上的火越燒越旺。

遊戲提醒

　　電石對人體健康有危害，操作不當會引起皮膚瘙癢、炎症、「鳥眼」樣潰瘍、黑皮病。所以在操作這個科學遊戲的時候，要謹慎，儘量避免電石接觸皮膚。

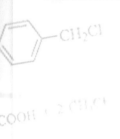

2、複製報紙圖片的方法

做完這個實驗，你就會驚奇的發現：原來報紙上的照片和圖畫複製出來是如此的簡單！

遊戲道具

清水、松節油、洗滌劑各適量，小勺一支，海綿一塊、白紙一張。

遊戲步驟

第一步：取兩勺清水，一勺松節油和一勺洗滌劑混合在一起。

第二步：用一塊海綿沾著這種混合液，輕輕按塗在報紙上有照片和圖畫的地方。

第三步：覆蓋上一張普通白紙，用一支小勺的背面用力碾壓白紙，報紙
上的圖像就會清晰的複製出來。

遊戲現象

報紙上的圖案清晰地印在白紙上。

科學揭秘

松節油和洗滌劑混合，產生了一種感光乳膠，會浸入乾燥的油墨染
料和油脂之中，使其重新液化，將圖案印在白紙上。

遊戲提醒

上述的感光乳膠只能化解
報紙的油墨，雜誌上的彩色圖
片，因含有過多油彩，很難化
解。

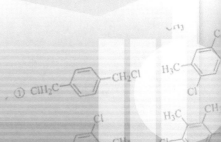

3、懸掛在半空中的液體

　　人常說：「人往高處走，水往低處流。」你見過懸掛在半空中的水嗎？可能有人說，瀑布就是懸掛在半空中的，但瀑布是流動的。下面這個科學遊戲，可以讓你大開眼界。

遊戲道具

　　濃度為百分之九十五的藥用酒精和去離子水（蒸餾水亦可代替）各適量，兩個乾淨的燒杯，兩個乾淨的量筒。

遊戲步驟

第一步：用兩個量筒分別量取去離子水和酒精各50毫升；
第二步：將兩種液體混合在燒杯中，搖晃燒杯三十秒鐘。

遊戲現象

　　你會發現，燒杯內壁上「懸掛」了不少液體，透過潔淨透明的杯壁遠遠看去，那些液體就像懸掛在半空中一樣。

科學揭秘

　　內聚力是同物質分子之間的吸引力；附著力是不同物質相接觸部分之間的吸引力。酒精的內聚力小於水；酒精對玻璃壁的附著力大於水。水和酒精混合後，水的內聚力和酒精的附著力相互作用，形成了液體「懸掛」的現象。

遊戲提醒

① 酒精和水的比例至少需要1：1，這樣才能清晰觀察酒精分子附著在杯壁上的現象。

② 鑑於酒精極易蒸發的特性，兩種液體混合後，要立即觀察。

③ 這個科學遊戲需要在光線較亮的場所進行。如果室內光線太弱則不易觀察，把燒杯拿到較光亮之處。

④ 酒精的濃度必須很高，才能使更多混合液懸掛在杯壁上，便於觀察。

⑤ 玻璃杯或者量筒要十分乾淨，否則不利於混合液的懸掛。

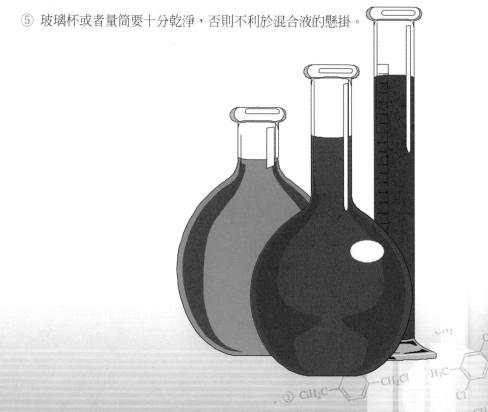

4、味道甜美的「滅火器」

　　紅色的、鐵製的外殼；噴灑著濃稠的泡沫——提起滅火器，人們都會想起這些特徵。但是，有一種滅火器，味道甜美，清涼可口，你知道是什麼嗎？看了下面這個科學遊戲，你自然就會明白。

遊戲道具

　　火柴一盒，一瓶汽水，一個玻璃杯。

遊戲步驟

第一步：將汽水打開，倒入玻璃杯。

第二步：點燃火柴，移動到玻璃杯上方。

遊戲現象

你會看見，原本燃燒旺盛的火柴一下子就熄滅了。

科學揭秘

汽水就是一個味道甜美的「滅火器」。

汽水中富含大量二氧化碳，汽水打開倒入玻璃杯後，玻璃杯液面上聚集了大量氣泡，這些氣泡就是二氧化碳氣體。燃燒的火柴放置汽水上方後，受到上升的二氧化碳氣體的衝擊，驅走了火柴周圍的氧氣，火柴就會缺氧熄滅。

二氧化碳的密度較高，大約為空氣的1.5倍，能夠排除空氣，包圍燃燒物體的表面，稀釋燃燒物體周圍的氧氣濃度，使燃燒物體產生窒息而熄滅。火柴在汽水上面自動熄滅，就是這個原理。

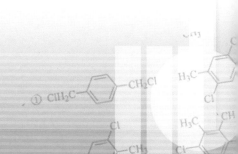

5、濾網可以隔斷火焰嗎？

大孔眼的濾網，可以過濾下面的火焰嗎？

遊戲道具

蠟燭一根，金屬濾網一個，打火機一個。

遊戲步驟

第一步：用打火機點燃蠟燭。

第二步：將金屬濾網放在火焰上，觀察現象。

遊戲現象

在此遊戲之前，你一定會認為火焰一定能從濾網中穿過。認知和科學真理之間，總有一定的差距，事實上，火焰一直在濾網之下燃燒，而無法穿過濾網的網眼，蔓延到濾網上面去。

科學揭秘

可燃氣體發出的光和熱，稱之為火焰（火焰正確地說是一種狀態或現象，是可燃物與助燃物發生氧化反應時釋放光和熱量的現象。可

燃液體或固體須先變成氣體，才能燃燒而生成火焰）。而金屬則是熱的良導體，會很快將周圍的熱量散發出去。金屬濾網上層的空氣熱量，被金屬濾網散發出去了；濾網上層的空氣達不到燃點，也就無法燃燒了。這個金屬濾網就像一個隔熱器，將燃燒全部限制在濾網下面了。如果你仔細觀察，會發現蠟燭冒出的煙，可以自由地從濾網網眼中穿過。

遊戲提醒

　　要採用金屬濾網，塑膠濾網會被燒焦；使用金屬濾網的同時要注意保護雙手，別被灼傷。

6、神奇的「燃燒」現象

　　燃燒屬於一種化學現象。我們知道，燃燒需要一定條件，必須有助燃物、可燃物和火源。在助燃物中，氧氣是最重要的物質之一。下面這個遊戲，能讓你看到氧氣在燃燒中減少的清晰過程。

遊戲道具

　　湯碟一個，玻璃杯一個，打火機一個，蠟燭一根，黑墨水或紅墨水少量。

遊戲步驟

第一步：將蠟燭固定在湯碟中央。

第二步：往湯碟裡面加清水適量，滴上幾滴墨水，使清水染色。

第三步：點燃蠟燭。

第四步：往蠟燭上倒扣一個玻璃杯，將燃燒的蠟燭罩住，觀察現象。

遊戲現象

蠟燭在點燃的過程中，逐漸有水進入玻璃杯內；不一會兒蠟燭熄滅，湯碟裡面的水也停止往玻璃杯內進入了。

科學揭秘

空氣是由多種氣體和物質組成的，包括了21%的氧氣、78%的氮氣，剩餘的是水蒸氣、二氧化碳氣體和其他氣體。倒扣在湯碟的玻璃杯裡面，充滿了空氣，氧氣的成分佔據了空氣的21%。我們知道，蠟燭在空氣中燃燒，是要消耗氧氣的。當玻璃杯裡面的氧氣被燃燒殆盡的時候，玻璃杯裡面的空氣減少，氣壓減低；玻璃杯外面的氣壓高於玻璃杯裡面的氣壓，水被外面的氣壓壓進了玻璃杯。

7、可樂「大變身」

在炎熱的夏季，喝上一杯清涼可樂或者雪碧，能迅速消解暑熱，除去焦渴。大家都知道可樂是一種淡褐色的液體；雪碧則是一種透亮清澈的液體，兩種飲料在色澤上區別很大。下面這則科學遊戲，能讓可樂搖身變成雪碧，你相信嗎？

遊戲道具

空可樂瓶一個，燒杯一個，酒精50毫升，糯米紙一張，蒸餾水、碘片、硫代硫酸鈉（大蘇打）各適量。

遊戲步驟

第一步：在可樂瓶內注入四分之三的蒸餾水。

第二步：將酒精倒入燒杯中，放進碘片適量，搖勻後倒入可樂瓶中；一邊添加一邊震盪可樂瓶，直到可樂瓶中的液體顏色變成和可樂相似的顏色為止。

這樣，一瓶以假亂真的「可樂」就製作好了。

下面是可樂變雪碧：

第一步：在擦拭乾燥的可樂瓶蓋中放入硫代硫酸鈉（大蘇打）粉末，然後將糯米紙覆蓋在瓶口上。

第二步：擰緊瓶蓋。這一步很關鍵，瓶蓋一定要擰緊，不能使可樂瓶內灑入蘇打粉末。

第三步：用力搖動可樂瓶。

遊戲現象

這時候，你會發現如真包換的「可樂」瞬間變成了無色透明的「雪碧」。

科學揭秘

可樂瓶內以假亂真的褐色「可樂液體」，其實就是碘溶液。碘溶液和瓶蓋內的大蘇打粉末發生氧化還原反應，碘溶液的顏色被還原成了原本清澈透明的顏色。

遊戲提醒

這種如真包換、以假亂真的「可樂」和「雪碧」，是絕對不能當作飲料飲用的。

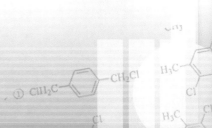

8、手帕變色——老師表演的魔術

　　化學課上，新來的老師給同學們做了一個小遊戲。他張開雙臂，一隻手拿著一個綠色玻璃瓶；另一隻手拿著兩條紅色手帕。

　　「同學們看好了，我能讓這兩條紅手帕，變成黃色和白色。」老師學著舞台上魔術師的腔調，學生們笑了起來。

　　老師將灑水的手帕放入瓶子內，不一會兒，一條手帕變成了黃色，另一條手帕變成了白色，學生們用不解的目光看著老師，你知道這是怎麼回事嗎？

遊戲道具

　　兩條紅手帕，一個裝著氯氣的玻璃瓶，少許自來水。

遊戲步驟

第一步：在手帕上灑少許水。

第二步：將兩條手帕放入瓶子內，蓋好蓋。

遊戲現象

片刻後，取出其中一條手帕，看到手帕變成了顏色；蓋上蓋子再稍等一會兒，取出另一條手帕，發現手帕變成了白色。

科學揭秘

氯原子在乾燥低溫狀態下，不太活潑，但遇到水後，會產生劇烈反應，迅速變得活潑「好動」。沾水的手帕和氯氣接觸，氯氣溶於水，形成了鹽酸和次氯酸。次氯酸性能多變，容易分解。分解後的次氯酸釋放出的氧氣，成為一種性能很強的氧化劑。濕潤的紅手帕在這種環境下，由紅色變成黃色，再由黃色變成了白色。

由於氯氣具有很強的退色作用，所以在工業上，氯氣做為一種漂白原料，得到了廣泛應用。

遊戲提醒

氯氣有毒，有劇烈的窒息性臭味，對人的呼吸器官刺激強烈。所以在做這個科學遊戲的時候，要注重自我保護，在通風的環境中進行。

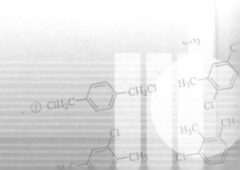

9、燃燒的糖塊

糖能燃燒嗎？點亮蠟燭，取一塊糖果放在火焰上，看到糖果在融化，卻並不燃燒。你可能要得到「糖果不能燃燒」的結論。事情的本質，往往藏在表象之後。做完下面的這個科學小遊戲，事情的真相就會一目了然。

遊戲道具

火柴（或者打火機），蠟燭一根，香菸灰少許，西餐叉子一支，一塊糖。

遊戲步驟

第一步：用火柴點亮蠟燭。

第二步：往糖上撒一些香菸灰，用西餐叉子叉住糖果，將糖放在火焰上。

遊戲現象

你會發現，這塊糖就像紙一樣燃燒了起來。

科學揭秘

鋰的化學特性十分活潑，還是一種良好的催化劑，對某些化學反應能起到加速作用。菸草裡面富含大量鋰化合物，香菸

燃燒後的灰燼，裡面富含大量鋰。糖果表面灑上富含鋰的灰燼後，鋰催化了糖果的燃燒。

遊戲提醒

在進行這個科學遊戲之前，先將沒有撒灰燼的糖果在蠟燭火焰上烤，來做一下比對。

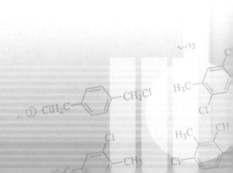

一○、藍色的晴雨花

　　科技館的展廳門前，有一朵藍色的花，它既沒有芳香，也不能生長，卻有一種其他花兒所沒有的本領：告知天氣的陰晴。

　　你想知道其中暗含的玄機嗎？

遊戲道具

　　二氯化鈷溶液，塑膠花一朵，花瓶一個。

遊戲步驟

　　將塑膠花在二氯化鈷溶液中浸泡，然後插在花瓶中。分別在晴天、陰天和雨天，觀察花兒的顏色。

遊戲現象

晴天，晴雨花呈現藍色；下雨前，晴雨花呈紫色；下雨天，晴雨花就變成了粉紅色。

科學揭秘

二氯化鈷有一個怪脾氣：對水分特別敏感。常溫晴天狀態下，二氯化鈷很難吸收水分，所以呈藍色；隨著空氣中水分的增加，二氯化鈷吸收了空氣中的一小部分水分，晴雨花表面的二氧化鈷，一部分變成了鈷的絡合物，所以呈顯出了紫色；下雨的時候，空氣中水分急劇增加，晴雨花表面的二氧化鈷，完全變成了鈷的絡合物，所以呈現出了粉紅色。

所以，較為科學的說法是：「晴雨花」只是一個具體的稱呼，它並不能告知人們天氣晴朗還是隱晦，而是隨著空氣中的水分含量來變化的。

11、神奇的水底公園

學會下面這個科學遊戲，你就可以給小朋友們現場製作水底公園了。這聽起來簡直不可思議，但事實就擺在你面前。

一個玻璃缸內，盛滿了清水，放入幾顆米粒大小的小石塊，你會發現，水缸內長出了各式各樣的枝條，枝條縱橫交錯，綠色的葉子繁華茂盛，鮮豔的花朵不斷盛開。

遊戲道具

玻璃缸一個，20%矽酸鈉水溶液適量，氯化亞鑽、硫酸銅、硫酸鐵、硫酸亞鐵、硫酸鋅、硫酸鎳各適量。

遊戲步驟

第一步：將無色透明的矽酸鈉溶液倒進玻璃缸。

第二步：往玻璃缸內分別撒幾粒氯化亞鑽、硫酸銅、硫酸鐵、硫酸亞鐵、硫酸鋅、硫酸鎳，觀察現象。

遊戲現象

一個神秘多彩的水底公園，會呈現在你面前。

科學揭秘

玻璃缸內的矽酸鈉水溶液，俗稱水玻璃；氯化亞鑽、硫酸銅、硫酸鐵、硫酸亞鐵、硫酸鋅、硫酸鎳等物質，分別是有色鹽類小晶體。上述小晶體和矽酸鈉水溶液發生化學反應，分別生成了：

矽酸亞鑽：呈紫色　　　　矽酸銅：呈藍色

矽酸鐵：呈紅棕色　　　　矽酸亞鐵：呈淡綠色

矽酸鎳：呈深綠色　　　　矽酸鋅：呈白色

這些五顏六色的生成物，足以構造成一個美麗神秘的水底花園了。

上述小晶體和矽酸鈉水溶液的反應，是非常獨特而且有趣的：當小晶體和矽酸鈉水溶液接觸後，小晶體的表面，迅速生成一種不溶解於水的矽酸鹽薄膜。這層矽酸鹽薄膜拒絕其他分子通行，只允許水分子進入。水分子進入矽酸鹽薄膜之後，迅速將小晶體溶解並膨脹，將薄膜撐破，形成了新的薄膜；水再次進入薄膜，再次溶解、破裂；如此反覆循環。薄膜破裂後生成了各式各樣的形狀，比如樹枝、花朵、葉子等，看上去就像一座美麗的水底公園在生生不息地生長繁衍。

遊戲提醒

① 在遊戲過程中，盛水的玻璃缸禁不起一點震動，否則會使玻璃缸內的水底公園發生地震，裡面的「植物」也會枝葉折斷。

② 每種小晶體投放的時候，要在玻璃缸內各有各的位置，避免交叉混淆，否則會使水底公園變得混亂不堪。

③ 為了使矽酸鈉溶液更加清澈透明，可以用濾紙進行過濾。

④ 為了增加水底公園的逼真效果，還可以在玻璃缸底部舖上一層乾淨的細沙。

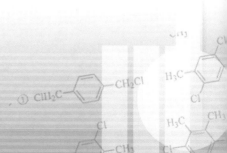

12、火猴變長蛇

　　一個唯妙唯肖的工藝猴，轉瞬之間變成了一條蜿蜒沖天的長蛇，飛升而去。這不是神話傳說，而是實實在在的課堂小遊戲。

遊戲道具
　　玻璃棒一根，硫氰化汞適量，水和膠水各少許，蔗糖和硝酸鉀各適量，酒精少許，濃硫酸和高錳酸鉀混合液少許。

遊戲步驟
第一步：取硫氰化汞適量，蔗糖和硝酸鉀各少許，混合在一起，摻入微

量膠水，用少量水混合後，捏成一個小猴子。

第二步：小猴乾燥後，在小猴頭部鑽一個小孔，滴入幾滴酒精。

第三步：玻璃棒上沾取少量高錳酸鉀和濃硫酸的混合液，點擊猴子頭
部。

遊戲現象

工藝猴燃燒起來，一條類似蜿蜒長蛇的黃色煙氣沖天而起。

科學揭秘

高錳酸鉀具有很強的氧化性，和濃硫酸混合後，是很強的助燃劑。
和猴子頭部的酒精接觸後，酒精立刻燃燒了起來，隨即整個工藝猴開始
燃燒。因為工藝猴中有硝酸鉀，硝酸鉀燃燒後釋放出大量氧氣，這更增
加了工藝猴的燃燒速度。工藝猴裡面的硫氰化汞受熱時膨脹，形成了騰
飛而起、類似於蜿蜒長蛇的黃色煙霧。

遊戲提醒

黃色煙霧生成時，會發出難聞的氣味，所以遊戲要在通風的場所中
進行；黃色氣體升騰時，會有煙灰飛騰，注意不要吸入口鼻。此實驗最
好有師長陪同。

13、小木炭跳出的優美舞姿

小木炭也能跳出優美的舞姿，這樣的景象並非出現在童話卡通片裡面，神奇的科學，會給你帶來全新的視覺感受。

遊戲道具

小豆粒大小的木炭一塊，4克固體硝酸鉀，試管一個，酒精燈一盞，打火機一個，鐵架一個，鐵夾子一支。

遊戲步驟

第一步：將固體硝酸鉀裝入試管中，用鐵夾子固定在鐵架上（試管上下呈直立狀）。

第二步：打火機點燃酒精燈，持續給試管加熱，直到固體硝酸鉀融化。

第三步：將小木炭放進試管中，繼續加熱，觀察現象。

遊戲現象

不一會兒，你會發現小木炭在試管中突然跳躍起來，一會兒翻轉身姿，一會兒上下跳躍，灼熱的紅光劃出優美的弧線。

科學揭秘

小木炭剛剛被放置到試管內的時候，試管內的溫度還比較低，所以木炭會靜止一段時間；

繼續給試管加熱，木炭達到燃點後，和硝酸鉀發生了劇烈的化學反應，釋放出大量熱能，致使木炭燃燒發光。高溫的硝酸鉀釋放出大量二氧化碳氣體，氣體頂著小木炭上下運動。當小木炭向上運動的時候，小木炭和硝酸鉀分離，反應中斷，二氧化碳氣體也就不再產生了；當小木炭下落到硝酸鉀表面的時候，反應再次開始，小木炭又被釋放出來的二氧化碳氣體頂上去，如此循環往復，小木炭也就開始了它的「跳舞之旅」。

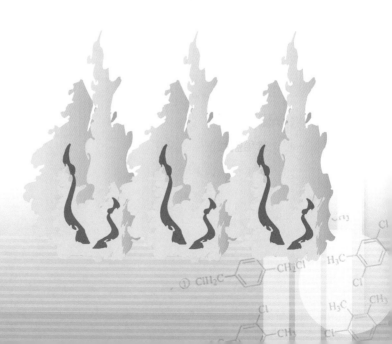

14、沉浮自如的雞蛋

　　一個雞蛋在一個盛滿液體的燒杯中，一會兒上升浮起，一會兒下降沉底。這個任意沉浮的雞蛋，既沒有神仙指使，也沒有鬼怪差遣，裡面蘊含著科學道理。

遊戲道具

　　雞蛋一個；稀鹽酸溶液適量，燒杯一個。

遊戲步驟

第一步：將稀鹽酸倒入燒杯中。

第二步：雞蛋放入燒杯中，觀察現象。

遊戲現象

雞蛋放入燒杯後立刻沉了下去，不久又浮了上來，接著又沉入了杯底，過了一會兒再次浮起，就這樣反覆數次。

科學揭秘

雞蛋殼的主要成分是碳酸鈣。碳酸鈣遇到稀鹽酸產生化學反應，生成氯化鈣和二氧化碳氣體，其反應式如下：$CaCO_3 + 2HCl \rightleftarrows CaCl_2 + CO_2$（氣）$+ H_2O$

雞蛋放入稀鹽酸溶液後，產生大量二氧化碳氣體，二氧化碳氣體將雞蛋包圍，氣體形成的氣泡緊緊依附在蛋殼上，進而產生了較大的浮力，雞蛋在浮力作用下開始上升。雞蛋上升到液體液面的時候，氣泡所受的壓力減小破裂，二氧化碳氣體擴散到空氣中，浮力減小，雞蛋下沉。當雞蛋再次沉入杯底的時候，雞蛋殼中的碳酸鈣再次和稀鹽酸發生反應，產生二氧化碳氣體，導致雞蛋再次上浮，就這樣反覆數次。

15、水火相容

俗話說：「水火不容。」說的是連小孩都知道的常識，一旦著火，只要一噴水就能滅火。但你可知道，有時水與火也能相容，而且還親密無間呢！

觀察日常生活中的現象：

在煤爐上燒水做飯的時候，若有少量的水從壺裡或鍋裡溢出，灑落在通紅的煤炭上，這時煤炭不但沒有被水撲滅，反而會「呼」的一聲，竄起老高的火苗，這是怎麼回事呢？

科學揭秘

原來，當少量的水遇到熾熱的煤炭時，發生了下列反應：

$C + H_2O \rightarrow CO + H_2$

一氧化碳和氫氣被爐火點燃，頓時發生燃燒，使爐火燒得更旺：

$2CO + O_2 \rightarrow 2CO_2$

$2H_2 + O_2 \rightarrow 2H_2O$

難怪燒鍋爐的工人師傅總是喜歡往爐內裡加一些濕煤，使爐火燒得更旺。

但是，如果把大量的水澆在煤炭上，情形就不一樣了。因為大量的水氣化時，會奪走煤炭燃燒時產生的熱量，使煤炭的溫度驟然下降。同時，水蒸氣又像一條毯子覆蓋在燃燒的煤炭上方，隔絕了煤炭與空氣的接觸，煤由於得不到維持燃燒所需要的氧氣，所以火也就很快被熄滅了。

16、檢測指紋的方法

十張乾淨沒有任何觸碰痕跡的紙條，排列在桌子上。凱薩琳對瑪麗說道：「我閉上眼睛，妳用手指任意按一下桌子上的紙條、注意，要用力壓！我能知道妳動過哪個紙條。」瑪麗照凱薩琳的說法做了，凱薩琳不一會兒挑出了瑪麗動過的紙條。

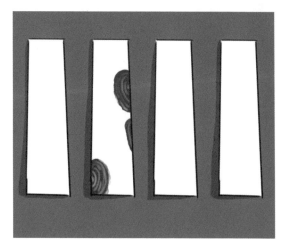

你知道這是為什麼嗎？原來，凱薩琳和瑪麗正在進行的是一個檢測指紋的科學小遊戲。

遊戲道具

試管一個，橡膠塞一個，藥匙一支，酒精燈一盞，剪刀一把，白紙一張，碘少量。

遊戲步驟

第一步：用剪刀將白紙剪成寬度不超過試管直徑的紙條，用手指在紙條上用力壓幾個手印。

第二步：用藥匙取一粒碘，放進試管中，然後將紙條懸放進試管。壓有

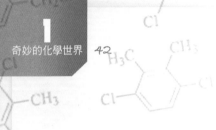

手印的一面，最好不要貼在試管壁上。

第三步：點亮酒精燈，將試管在酒精燈上方加熱，試管內出現碘蒸氣後
　　　　停止加熱，取出紙條。

遊戲現象

白紙上會清晰地出現棕色的指紋。

科學揭秘

手指上含有油脂，用力壓紙條的時候，油脂黏在紙條上。碘受熱，
升騰出碘蒸氣，碘蒸氣能溶解進黏在紙條上的油脂等分泌物中，所以形
成了棕色的指紋印痕。

17、密函的秘密

在影視劇中我們常常看到這樣的情形：軍方收到了情報專家寄來的密函，打開後卻發現，粉紅色的信紙上，沒有一個字。你知道這樣的密函中，蘊含著怎樣的秘密嗎？

遊戲道具

粉色紙一張，自來水筆一支，盛水瓷盤一個，硫酸鈉水溶液適量，硝酸鋇水溶液適量。

遊戲步驟

第一步：用自來水筆吸取硫酸鈉水溶液，在紙上寫字，然後將寫字的紙晾乾，觀察現象。

第二步：將硝酸鋇水溶液倒入瓷盤中，晾乾的白紙浸泡進溶液中，觀察現象。

遊戲現象

紙寫字晾乾後，上面的字跡消失了；晾乾的白紙浸泡進硝酸鋇水溶液中後，字跡顯現了出來。

科學揭秘

硫酸鈉水溶液無色透明，寫在白紙上晾乾後，什麼痕跡也留不下；紙浸入硝酸鋇水溶液中後，硫酸鈉和硝酸鋇發生化學反應，產生了一種白色物質──硫酸鋇，白色字跡也就在粉色紙上清晰地顯現了出來。

18、踩地雷小遊戲

　　小時候玩的踩地雷遊戲，這下可以在學校的實驗室、或者家裡的客廳內隨意玩耍了。記住，這個遊戲，能檢測你是否具備一個偵探兵的素質哦。

遊戲道具

　　400毫升燒杯一個，漏斗架一個，長頸漏斗一個，濾紙一片，100毫米量筒一個，托盤天平一個，藥匙一支，作攪捧用的木條一根，碘和濃氨水各適量。

遊戲步驟

第一步：將碘研製成粉末，秤取2克，放進燒杯中，注入50到100毫克濃氨水。然後用木條不斷攪拌，使濃氨水和碘充分反應。

第二步：兩分鐘後，將燒杯內的混合液過濾。過濾的時候，讓濾液殘渣聚集在濾紙中央。

第三步：殘渣中如果還有沒有反應完的碘，倒入燒杯中，加入濃氨水進一步反應，再次過濾。這樣數次重複，直至碘和濃氨水充分反應為止。

第四步：將濾紙上的殘渣捏成餅狀，製成數塊，撒到地面上晾乾（大概需要半個小時到一個小時）。

遊戲現象

濾餅晾乾後，就可以進行踩地雷遊戲了。參加者只要進入「地雷陣」，腳踩到濾餅，就會聽到霹哩啪啦的清脆爆裂聲。隨著腳步移動，這種爆裂聲持續不斷，遊戲者真的身陷險象環生的地雷陣中了，進退維谷，手足無措。

科學揭秘

碘和濃氨水在常溫狀態下發生反應，生成碘化氨。碘化氨是一種暗褐色物質，當其乾燥時，輕微觸動即可引發爆裂聲。爆炸的同時，散發出熱量，產生紫色的碘蒸氣。

遊戲提醒

① 碘化氨十分容易分解，即便在潮濕環境中也容易發生爆炸，所以在玩這個小遊戲的時候，需要小心謹慎，不可多製；製造的碘化氨，不可存留，要一次用完。

② 碘化氨在晾乾後變成了「地雷」，所以在佈置「地雷陣」時，要在濾餅尚未乾燥的時候進行，否則濾餅會在手上爆炸。

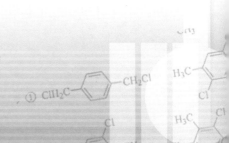

19、近距離體驗火山爆發

在好萊塢一些災難片中，你隔著銀幕體驗過海嘯、狂風和暴雨。現在，讓你近距離體驗一下火山爆發的情形，你該不會拒絕吧！

遊戲道具

木板一塊，坩堝適量，泥土適量，高錳酸鉀5克，硝酸鍶1克，重鉻酸銨粉末10克，長滴管一個，甘油少許。

遊戲步驟

第一步：將高錳酸鉀和硝酸鍶混合，擺放在木板中央，混合物的周圍，
堆放重鉻酸銨粉末。

第二步：高錳酸鉀和硝酸鍶混合物周圍，堆放坩堝，坩堝周圍用泥土圍
成山丘狀；山丘上面預留一個小小的「火山口」。

第三步：用滴管滴幾滴甘油到高錳酸鉀上面，人離遠點，觀察現象。

遊戲現象

片刻後，會看到有紫紅色的火焰從火山口噴出；緊接著，綠色的火
山灰也噴薄而出。

科學揭秘

甘油滴落到高錳酸鉀的混合物上，產生劇烈反
應，釋放出了大量熱能，促使周圍的混合物品燃
燒；與此同時，重鉻酸銨分解生成的
固體殘渣隨生成的氣體噴出。這個
實驗最好有師長陪同。

20、水中燃起的火

火在水裡面燃起，你覺得這可能嗎？

遊戲道具

氯酸鉀晶體十幾顆，黃磷顆粒數粒，濃硫酸少許，玻璃杯一個，玻璃移液管一個。

遊戲步驟

第一步：玻璃杯內盛半杯水，裡面放入氯酸鉀和黃磷顆粒。

第二步：用玻璃移液管吸取少許濃硫酸，滴到玻璃杯內，觀察現象。

遊戲現象

水中燃起了火光，形成了不可思議的水火相容現象。

科學揭秘

黃磷很容易燃燒，而氯酸鉀則富含大量氧。水阻隔了氧氣和黃磷接觸，所以黃磷無法燃燒。

滴入濃硫酸後，濃硫酸和氯酸鉀發生反應生成了氯酸。氯酸即不穩定，釋放出氧氣，氧氣和黃磷接觸發生反應，產生了燃燒現象。這種反應十分劇烈，因此即便在水中，燃燒依然能夠進行。

自製的工藝鼠，片刻之間長出了白毛，你知道這是為什麼嗎？

遊戲道具

剪刀一把，鋁皮適量，$HgNO_3$溶液適量，棉籤數支。

遊戲步驟

第一步：用剪刀將鋁皮裁剪成小老鼠形狀（小貓、小狗等都可以）。

第二步：棉籤沾取$HgNO_3$溶液，塗抹在鋁皮上面。幾分鐘後將鋁皮上的溶液擦乾，觀察現象。

遊戲現象

鋁製的工藝鼠，自動長出了細密的白毛。

科學揭秘

鋁的化學特性十分活潑，上面覆蓋著一層緻密氧化膜，和空氣相隔絕。$HgNO_3$溶液塗抹上去後，將鋁表面的氧化膜破壞，生了Al-Hg合金，合金表面失去了氧化膜，和空氣中的氧發生反應，生成了類似於白毛的Al_2O_3。

遊戲提醒

$HgNO_3$有毒有害，在進行科學遊戲的時候，要注意不要用皮膚接觸$HgNO_3$溶液。

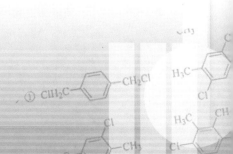

21、消失了的顏色

　　被稀釋的藍黑墨水，經過一個漏斗後，流出來的卻成了無色的清水，你知道這是為什麼嗎？

遊戲道具

　　木炭，塑膠眼藥水瓶，藍墨水，玻璃瓶，小刀，水杯，吸管。

遊戲步驟

第一步：將木炭研成細末。

第二步：用小刀將塑膠眼藥水瓶底切開，從底部裝入木炭粉，壓實。這

樣，眼藥水瓶底朝上口朝下，成了一個小型漏斗。

第三步：水杯內裝少量清水，滴入幾滴藍墨水，拌勻。

第四步：用吸管將稀釋了的藍墨水吸出來，滴入剛剛製作成的小型漏斗
裡面，觀察現象。

遊戲現象

從小型漏斗裡面流出來的液體，變成無色的清水了。

科學揭秘

木炭具有很強的吸附能力，能將液體裡面的色素吸附，也能吸附有
害氣體。被稀釋了的藍墨水，經過裝有木炭的小型漏斗，木炭將其中的
色素過濾掉，所以成了無色清水了。

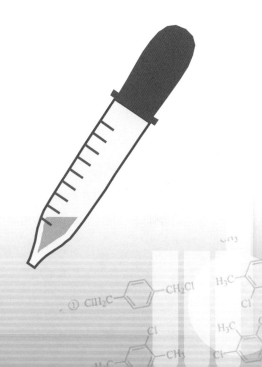

22、晚會上的粉筆炸彈

這個遊戲可以教你製作粉筆炸彈，可以在晚會節目上烘托快樂氣氛。

遊戲道具

氯酸鈉少量，蒸發皿一個，紅磷適量，玻璃棒一根，藥匙一把，粉筆數根，薄紙一張，膠水一瓶，小刀一把。

遊戲步驟

第一步：將粉筆的粗端用小刀挖出一個小洞。

第二步：取少量氫氧化鈉，放在蒸發皿中，滴入少許水，然後加入品質為氫氧化鈉五分之一的紅磷。

第三步：用玻璃棒在蒸發皿中攪拌，使混合物成為漿糊狀。

第四步：用藥匙將混合物加入粉筆的小洞中，撕一片薄紙，用膠水黏好。十分鐘到二十分鐘後，將粉筆封口朝下往地上投擲，觀察現象。

遊戲現象

粉筆的藥面和地面接觸後，能發出清脆的響彈聲。

科學揭秘

做為強氧化劑的氫氧化鈉，和做為還原劑的紅磷混合在一起，當遇到撞擊後，產生了巨大的壓力，於是發生了劇烈的氧化還原反應。我們聽到的響彈聲，是氧化還原反應所發出的爆炸聲。

E=MC2

第二節

生活中的化學

一、慧眼識別工業用鹽

亞硝酸鈉（$NaNO_2$）是一種工業用鹽，和我們常用的食鹽氯化鈉外形十分相似，具有和食鹽一樣的鹹味，常被不法分子用來製造假食鹽。但亞硝酸鈉有毒，不能食用。一般人食用0.2克到0.5克就可能出現中毒症狀，如果一次性誤食3克，就可能造成死亡。

　　無論多麼高明的製假手段，都逃脫不了科學的慧眼。下面的科學遊戲，能巧妙幫你識別亞硝酸鈉。

遊戲道具

鐵鍋一個，亞硝酸鈉適量。

遊戲步驟

將亞硝酸鈉放入鐵鍋中，給鐵鍋加熱。

遊戲現象

隨著鐵鍋升溫，亞硝酸鈉會融化，並且伴有臭味氣體生成。

科學揭秘

亞硝酸鈉的熔點是271℃，鐵鍋在加溫燒熱過程中，會很快達到亞硝酸鈉的熔點，將其融化。而食鹽（NaCl）的熔點是801℃，遠遠高於亞硝酸鈉。如果鐵鍋內放置的是真正食鹽，在加溫過程需達較高溫度才會融化，但不會伴有臭味氣體。

2、教你做肥皂

掌握了科學，也就擁有了生活的妙法。下面這個科學遊戲，教你自製肥皂的方法。

遊戲道具

300毫升和150毫升的燒杯各一個，玻璃棒一根，酒精燈一盞，三腳架一個，石棉網一片，豬油（也可用其他動植物油脂替代）適量，氫氧化鈉（分子式NaOH；固體溶於水放熱；又稱燒鹼、火鹼、苛性鈉，氫氧化鈉，是常見的、重要的強鹼）適量，飽和食鹽水、95%酒精、蒸餾水各適量。

遊戲步驟

第一步：將5毫升酒精和6克豬油，放入容量為150毫升的燒杯中。在燒杯中添加10毫升40%的氫氧化鈉溶液，用玻璃棒攪拌均勻，使裡面的物質充分混合、溶解。必要的時候可以用小火加熱，幫助溶解。

第二步：將燒杯放在石棉網上，用小火加熱。加熱過程中不停地用玻璃棒攪拌，如果酒精和水蒸發減少，要及時補充溶液，保持燒杯內液體的原有體積。可以預先配置一比一的酒精和水混合液20毫升，用來添加。

第三步：燒杯持續加熱二十分鐘，燒杯內的化學反應（皂化反應）基本

上已經結束。這時候可以用玻璃棒取少許放入試管中，在試管中滴加五、六毫升蒸餾水，加熱後搖動震盪，然後靜置。如果有油脂分離出來，說明皂化反應不完全，需要添加鹼液繼續皂化。

第四步：取20毫升蒸餾水加熱，慢慢倒入完全皂化的黏稠液體中，一邊添加一邊用玻璃棒攪拌，使它們完全融合在一起。

第五步：在300毫升燒杯中放置150毫升飽和食鹽水，加熱後將小燒杯中的黏稠液體倒進去，一邊傾倒，一邊攪拌，然後靜置。

遊戲現象

靜置後的黏稠液體，肥皂會析出來，凝固以後，自製肥皂就大功告成了。

科學揭秘

油脂和氫氧化鈉混合後一起用水煮，經過水解，生成高級脂肪酸鈉和甘油。高級脂肪酸鈉經過加工定型，就是肥皂。

遊戲提醒

① 油脂很難和鹼水溶合，添加酒精是為了增加油脂的溶解度，加快皂化反應的速度。

② 將燒杯放在石棉網上加熱的時候，不可用旺火，要用小火慢烤。

③ 加熱過程中要保持混合液體的原有體積。

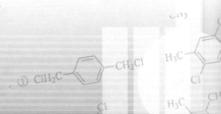

3、製作「野外燃料」

如果你熱衷於戶外活動，那麼，這款「野外燃料」的製作方法十分適合你。做為一種可以長期保存、便於攜帶的固體燃料——酒精燃料塊，你可用塑膠袋、空罐頭將它裝進背包裡，帶到目的地，用打火機、火柴點燃，燒飯、炒菜、燒水，應用價值廣泛。酒精燃料塊具有無煙、無味、無毒等特性，居家、戶外兩相宜。

遊戲道具

水浴鍋一個，可調電爐（或酒精燈）一台，水適量，試管夾一個，坩堝適量，蒸發皿一個，台秤一台，溫度計一支，玻璃棒一根，燒杯（500ml，100ml）一個，量筒（5ml）一個，鐵三角架一個，硬脂酸1.5g，40%氫氧化鈉（火鹼）溶液適量，95%酒精適量。

遊戲步驟

第一步：水浴鍋內加水，加水量在水浴鍋的三分之二處即可；

第二步：水浴鍋放置在電爐上，將水燒開。調節電爐溫度，保持水始終處於平穩的沸騰狀態。

第三步：將硬脂酸放入小燒杯內，在水浴鍋上加熱，直到硬脂酸融化（用試管夾夾住小燒杯，放置在水浴鍋中即可）。

第四步：用量筒量取酒精30ml，倒入小燒杯中，用玻璃棒攪拌，一邊攪拌，一邊用小量筒量取火鹼溶液2ml，使酒精、火鹼溶液和硬脂酸相互溶合。

第五步：將坩堝放入蒸發皿中，三種混合溶液趁熱倒入坩堝中，冷卻後
觀察外觀。

遊戲現象

倒入坩鍋中的三種混合溶液冷卻後，蒸發皿中的物體，凝結成塊，
變成了猶如白玉般的固體形狀。

這時候可以做一個燃燒測試：用燒杯量取500ml水，在三腳架上
墊上石棉網。點燃蒸發皿中的燃燒塊，看能否將燒杯中的水燒開。如果
能燒開，大約需要多長時間；並且將燃燒塊完全燃燒完畢的時間記錄下

來。這樣，你就可以確定燃燒塊的具體用量了。

科學揭秘

這個科學遊戲的化學反應式是：$CH_3(CH_2)16COOH + NaOH \rightarrow CH_3(CH_2)16COONa + H_2O$

硬脂酸（又稱十八酸，分子式是$CH_3(CH_2)16COOH$）。硬脂酸在常態下呈固體狀態，較軟、白色、有光澤。硬脂酸不溶於水，70℃到71℃即可熔化，融化後溶於酒精，形成混合溶液。

硬脂酸溶液和火鹼溶液混合後，產生化學反應，生成硬脂酸鈉。火鹼溶液不溶於酒精，析出，進而形成了凝固的膠塊。膠塊的結構被稱為「硬脂酸鈉的網狀骨架」，網狀骨架的間隙中，充滿了酒精分子，進而形成了酒精固體燃料。燃料燒盡後，剩餘的殘渣，就是硬脂酸鈉。

遊戲提醒

酒精是易燃物品，在進行該項遊戲的時候，要讓酒精原料遠離明火，在通風的室內進行。

4、嚴冬自製暖氣袋

寒風呼嘯、萬物蕭條的冬天，如果有一個熱量充足的暖氣袋，該多好呀！下面介紹一個自製暖氣袋的方法，在寒冷的冬天給你帶來無盡的溫暖。

遊戲道具

鐵粉50克（鐵粉直徑在0.1毫米為佳），活性炭5到10克（直徑在0.1毫米到0.3毫米為佳），10%食鹽水12毫升，玻璃棒一根，燒杯或者陶瓷杯一個，廢舊塑膠袋一個，訂書針或者迴紋針數枚。

遊戲步驟

第一步：將鐵粉、活性炭、食鹽水倒進燒杯中。

第二步：用玻璃棒攪勻後裝入塑膠袋。

第三步：將塑膠袋袋口部位折疊幾次，用訂書針或者迴紋針加封，袋口留一個小透氣孔。

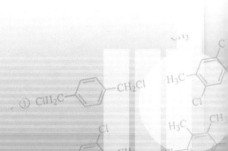

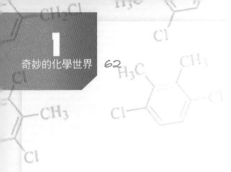

遊戲現象

雙手輕輕搓動塑膠袋，半分鐘後可以看到水蒸氣出現，三、五分鐘後塑膠袋溫度明顯升高，平均溫度在40～50℃之間，最高溫度可達55℃。

一個暖氣袋維持時間為10～15小時，間斷使用壽命更長，可達一週左右。使用過程中如果感覺溫度降低，搓動暖袋溫度即可回升。這個暖氣袋可以多次反覆使用，不用的時候將透氣孔密封即可；下次使用的時候，打開透氣孔，就可以再次取暖了。

如果發現暖氣袋中的鐵粉，由原來的黑色變成了紅棕色固體（也就是生成了氫氧化鐵和三氧化二鐵）則表示氣袋中的熱能，基本上已經用完了。

科學揭秘

在揭秘自製暖氣袋的科學原理之前，我們不妨先看下面這個化學反應方程式：

$$Fe + 3/4O_2 + 3/2H_2O \rightarrow Fe(OH)_3 + 96 千卡/摩爾$$

這是鐵銹的化學反應式。這個過程，是一個放熱

反應的過程。在日常生活中我們之所以察覺不到這樣的放熱反應，是因為放熱速度緩慢的原因。如果提高反應速度，集中釋放熱量，放出的熱量，就可以為我們的生活提供必要的熱源。自製暖氣袋，就是採用這個原理。

自製暖氣袋中之所以沒有用鐵片或者鐵塊，而是採用了鐵粉，是因為生銹反應發生在鐵製品的表面，採用鐵粉可以增加表面反應的面積，加快反應速度。

自製暖氣袋中之所以放置活性炭，是因為活性炭具有很強的吸附能力，能大量吸附空氣中的氧氣，提高反應物氧氣的濃度。

放置食鹽水，是為了催進反應速度。食鹽是一種較強的電解質，能創造有利條件，使腐蝕金屬的電子轉移加快，增加化學反應的速度。

遊戲提醒

如果在製作過程中適當加入一些碎木屑，利用碎木屑的吸水和蓄水的作用，那麼製作出來的暖氣袋效果會更好。碎木屑可以防止活性炭因為吸水——活性炭吸水後，吸附氣體的能力就會下降。

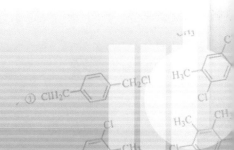

5、茶水變形記

這天，小文和爺爺一起去台北大劇院看魔術表演。其中一個節目引起了小文的興趣：只見魔術師手裡面端著一個透明的玻璃杯，玻璃杯裡面裝著琥珀色的茶水。魔術師手拿一根玻璃棒，在玻璃杯裡面攪

動了一下，大聲說道「變！」茶水變成了黑墨水。魔術師用玻璃棒在玻璃杯中再次攪動了一下，黑墨水又變成了茶水。

看完魔術師的表演，小文心想，這一定和化學反應有關。下面這個科學遊戲，將解開魔術師的「謎底」。

遊戲道具

玻璃杯一個，茶水、綠礬粉末和草酸晶體粉末適量。

遊戲步驟

第一步：用沾有綠礬的玻璃棒一端攪拌茶水。

第二步：再用沾著草酸晶體的玻璃棒一端攪拌茶水。

遊戲現象

用沾有綠礬的玻璃棒一端攪拌茶水，茶水會變成藍黑色；用沾著草酸晶體的玻璃棒一端攪拌茶水，藍黑色茶水會變成原來的顏色。

科學揭秘

綠礬的化學名稱為「硫酸亞鐵（化學式：$FeSO_4 \cdot 7H_2O$，淡藍綠色柱狀結晶或顆粒，無臭，味鹹、澀。易溶於水、甘油，不溶於乙醇,有腐蝕性，潮解風化）」；而茶水裡面含有大量單寧酸（別名鞣酸、丹寧酸、五倍子單寧酸、單寧；分子式$C_{76}H_{52}O_{46}$）。

綠礬和單寧酸結合後產生化學反應，生成單寧酸亞鐵。單寧酸亞鐵的性質很不穩定，很快被氧化，進而導致茶水變成了藍黑色。

用沾取草酸（是一種有機強酸，又名乙二酸、修酸；分子式：$COOH \cdot COOH$；熔點：$190℃$）的玻璃棒一端攪拌變成了藍黑色的茶水，草酸具有還原性，因此茶水中的藍黑色消除了，被還原成了原本的茶色。

生活應用

這種情況在生活中經常會遇見。當我們用刀子切沒有成熟的水果的時候，水果的刀口處會呈現出藍色。有的人會認為刀子不乾淨，其實並非如此。不成熟的水果含有單寧酸，和刀子上的鐵發生化學反應，生成了藍色。

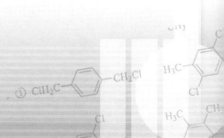

6、自製農藥殺滅害蟲

隨著天氣變暖，學校樹上、草地上、花叢中的害蟲也開始孳生了。在一堂勞動課上，化學老師教學生們一個自製農藥殺滅害蟲的方法，讓學生們自己動手，維護學校的綠化環境。這個方法簡單易學，成本很低，適合家庭草木的消毒去害。

遊戲道具

燒杯一個（也可用陶瓷杯等替代），生石灰28克，清水75毫升，硫磺粉56克，酒精燈一盞，玻璃棒一根，玻璃瓶一個，濾紙一片。

遊戲步驟

第一步：將生石灰放入燒杯中，添加水，用玻璃棒攪勻，生石灰變成了
　　　　　熟石灰。

第二步：將硫磺粉研碎，放進燒杯中。

第三步：酒精燈加熱燒杯，煮沸一個小時。加熱過程中不斷用玻璃棒攪
　　　　　拌；隨時添加因蒸發而失掉的水分。

第四步：反應結束後，用濾紙趁熱過濾。

遊戲現象

會得到澄清的濾液，這就是鈣硫合劑。將過濾出來的鈣硫合劑儲存在密封的玻璃瓶中，陰涼處放置，隨用隨取。

科學揭秘

鈣硫合劑呈褐色或者橙色，又稱石硫合劑，具有和硫化氫相似的氣味。鈣硫合劑裡面含有10％～30％的多硫化鈣（$CaS \cdot S_3$和$CaS \cdot S_4$）和5％左右的硫代硫酸鈣。

被稀釋的鈣硫合劑，用噴霧器噴灑到植物表面上後，和空氣中的二氧化碳氣體發生反應，多硫化鈣會析出硫，其化學反應式如下：

$$CaS \cdot S_x + CO_2 + H_2O \rightleftharpoons CaCO_3 + H_2S \uparrow + XS \downarrow$$

這種硫是膠態硫。膠態硫顆粒細微，直徑只有1到3微米。膠態硫能在植物表面上牢牢吸附，很難被雨水沖刷，它能牢固地吸附在植物表面，不會被雨水沖刷掉。硫磺具有很強的殺菌消毒能力，能有效殺滅害蟲。顆粒很粗的硫磺粉，殺滅害蟲的效力不高，越是細微的硫磺粉粒，殺滅害蟲的能力也就越高。鈣硫合劑中硫粉粒十分細小，所以殺滅害蟲的能力相對較高。

硫代硫酸鈣遇到酸性物質，也能生成膠態硫和二氧化硫，進而起到殺滅害蟲的作用。

7、自製汽水度盛夏

　　炎炎夏日，喝上一杯清涼的汽水，可以消暑解渴。如果能自製汽水，除了解渴消暑之外，還能體驗到動手的樂趣，可謂一舉兩得。

遊戲道具

　　汽水瓶一個，冷開水適量，白糖和果味香精少許，碳酸氫鈉2克，檸檬酸2克。

遊戲步驟

第一步：將汽水瓶消毒，反覆沖洗乾淨。沒有消毒條件的，在沸水中煮幾分鐘即可。

第二步：將冷開水加入汽水瓶，占汽水瓶體積的百分之八十。

第三步：將白糖、果味香精、碳酸氫鈉放入汽水瓶中，搖動溶解後迅速放入檸檬酸，將瓶蓋密封。

第四步：放置在冰箱中，隨用隨取。

遊戲現象

　　一款清涼的汽水，經過親手製作，感覺別有不同。

科學揭秘

　　礦泉水內透過加壓的方法充入二氧化碳氣體後密封，二氧化碳氣體融入水中，稱之為汽水，也被稱為碳酸飲料。

　　汽水中融入的二氧化碳氣體越多，品質越好。通常一瓶汽水中，水

和二氧化碳氣體的比值是1：1到4：5。

　　人們喝了含有二氧化碳氣體的汽水後，二氧化碳氣體會從人體內部排出，帶走人體大量熱量。所以，汽水的消暑解渴功能最為明顯。冰涼的汽水，溫度更低，所溶解的二氧化碳氣體更多，能帶走人體內更多的熱量。

　　生活應用飲用冰涼汽水要有限度，避免大量飲用，否則會刺激腸胃，引起胃痙攣、腹痛，甚至誘發腸胃炎。此外，過量的汽水會沖淡胃液，降低胃液的消化能力和殺菌作用，影響食欲，甚至加重心臟、腎臟負擔，引起身體的不適。

8、自製溶液檢驗尿糖含量

　　阿華的爺爺身患糖尿病，定期要到醫院檢查，來來去去十分麻煩。在化學老師的指點下，阿華給爺爺自製了一些藥液。這樣，小華的爺爺就可以在家裡自檢尿糖含量了。

遊戲道具

　　蒸餾水200毫升，硫酸晶體3.5克，量筒一個，酒石酸鉀鈉17.3克，氫氧化鈉6克，玻璃棒一根，燒杯一個。

遊戲步驟

第一步：用量筒量取100毫升蒸餾水，和硫酸銅晶體混合，用玻璃棒攪

　　拌均勻，使之徹底溶解，然後倒入燒杯中。

第二步：將剩下的100毫升蒸餾水，和酒石酸鉀鈉混合，製成溶液。

第三步：兩種溶液分別在乾淨密封的玻璃瓶中存放。

遊戲現象

　　兩種溶液等量混合，可以製成費林試劑藥液。

科學揭秘

　　等量的硫酸銅溶液和酒石酸鈉溶液混合，可以檢驗出一個人的尿糖含量。

生活應用

　　用吸管洗取少量尿液，放入潔淨的玻璃容器中；在尿液中滴加三、四滴費林試劑，在酒精燈上加熱至沸騰。

　　如果溶液仍舊為藍色，則表示尿中不含糖。

　　如果溶液變成了綠色，則表示尿液中含有少量尿糖。

　　如果溶液變成了黃綠色，則表示尿液中含尿糖稍多。

　　如果溶液變成了土黃色，說明尿液中含尿糖已經很高了。

　　如果溶液變成了磚紅色，還很渾濁，則表示尿液中含糖量十分高。

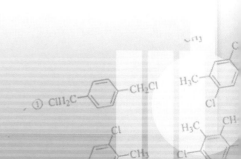

9、紅糖變白糖

告訴你一個生活的妙法，假如你現在需要白糖，而手頭恰恰只有紅糖，那麼，你可以自己動手，享受紅糖變白糖的樂趣。

遊戲道具

紅糖10克，水40毫升，活性炭1克，濾紙一張，燒杯兩個，水浴鍋一個，酒精燈一盞，鐵架一個，玻璃棒一根。

遊戲步驟

第一步：將紅糖放進燒杯內，加入水，用玻璃棒攪勻溶解。

第二步：將燒杯放在鐵架上，點燃酒精燈，加熱使之徹底溶解。

第三步：添加活性炭，一邊添加一邊攪拌，持續加熱。

第四步：燒杯內會呈現懸濁液，趁熱用濾紙將懸濁液過濾到另一個燒杯中；將燒杯放進水浴鍋內蒸發濃縮，然後取出燒杯，使之自然冷卻。

遊戲現象

冷卻後，你會看到有白色晶體析出，這就是白糖。

科學揭秘

紅糖之所以呈現紅色，是因為裡面添加了有色物質。將紅糖溶解於水後，活性炭可以將裡面的有色物質吸附，經過過濾、濃縮和冷卻後，就剩下了白糖。

遊戲提示：懸濁液經過過濾後，得到的應該是無色液體。如果過濾後的液體呈黃色，還應繼續添加活性炭，直到液體變成無色為止。

10、不易生銹的鐵釘

　　沒有經過特殊處理過的鐵釘，很容易生銹。下面這個科學小遊戲，可以讓你家裡的鐵釘遠離鐵銹，時刻保持光亮。

遊戲道具

　　鐵釘數枚，三腳架一個，小湯匙一個，石棉網一片，酒精燈一盞，天平一個，燒杯一個，試管一個，稀鹽酸適量，稀氫氧化鈉適量，氫氧化鈉固體適量，硝酸鈉適量，亞硝酸鈉適量，蒸餾水適量。

遊戲步驟

第一步：試管裝取適量氫氧化鈉稀溶液，將鐵釘放進試管內，除去鐵釘外表的污垢。

第二步：再用試管取稀鹽酸適量，將鐵釘放進試管內，除去鐵釘外表的鐵銹、氧化層和鍍鋅層。

第三步：用天平秤取2克固體硝酸鈉、0.3克硝酸鈉；用小湯匙取少量亞硝酸鈉，一起放入燒杯中。

第四步：燒杯中放入蒸餾水10毫升，將鐵釘放進

燒杯中加熱。

遊戲現象

隨著加熱時間的延長，鐵釘表面生成了黑色或者亮藍色的物質。

科學揭秘

在中性或者鹼性環境中，亞硝酸根具有一定的氧化性。燒杯中的溶液屬於強鹼溶液，亞硝酸根在強鹼溶液中生成了以水合氨和亞鐵酸鈉。亞鐵酸鈉的化學性質很不穩定，在亞硝酸根和鐵的作用下，在鐵釘表面形成了一層緻密的氧化膜，能防止鐵釘生銹。

遊戲提醒

氫氧化鈉具有很強的腐蝕性，溶於水的時候能釋放出大量熱，容易灼傷皮膚；所以遊戲的時候要小心；亞硝酸鈉含有劇毒，做完實驗後要反覆清洗雙手。最好有師長陪同。

11、印在家紡用品上的字

你想讓家紡用品上面，印製自編自創、別具一格的語言嗎？下面這個科學小遊戲，能讓你夢想成真。

遊戲道具

硬紙板一塊，陶瓷盆一個，紗布數片，油漆刷一把，燒杯兩個，快色素（顏色自選）30克，酒精25毫升，氫氧化鈉3克，太古油15毫升，石花菜（或漿料）15克，玻璃棒一根。

遊戲步驟

第一步：將硬紙板製作成印字版。硬紙板要求無破損、無折皺，在上面寫上需要印製的字詞或者圖案，用小刀鏤空。

第二步：將石花菜用200毫升清水調解，加熱煮沸，一邊加熱一邊用玻璃棒攪拌。石花菜完全溶解後，用三層紗布進行過濾，濾液放置於陶瓷盆中。

第三步：將氫氧化鈉、太古油放入燒杯中，加清水20毫升，用玻璃棒拌勻。

第四步：另一個燒杯中加入快色素和酒精使其溶解。

第五步：將兩個燒杯中的混合溶液倒入陶瓷盆中，攪拌均勻，兌成色漿。

第六步：洗淨需要印製的紡織品。印字版平放在需要印製的部位，用油漆刷子沾取色漿，在印字版上向同一個方向小心地刷幾遍，看

到色漿在織物上已均勻地上色即可。把印好的織物放置在陰暗處，讓它氧化兩小時，乾後即可使用。

遊戲現象

家紡上面出現了你想要的字體或圖案。

科學揭秘

家紡纖維素具有很強的吸附性，色素調和成色漿，纖維素將色漿牢牢吸附，並且在上面發生氧化還原反應，顯出了色漿的本色。用這種方法染製的字體圖案，牢固耐用，不宜褪色。

遊戲提醒

配製的色漿需要即配即用，不宜久放，否則容易失效。快色素的顏色可以根據市場供應，任意選取。

12、你家的麵粉新鮮嗎？

　　麵粉如果存放過久，空氣中的水分、氧氣和微生物就會發生副作用，致使麵粉發生酸敗現象。下面這個科學小遊戲，教你判斷你家麵粉的新鮮程度。

遊戲道具

　　錐形瓶一個，蒸餾水80毫升，新鮮麵粉5克，無色酚酞試液少許，0.02％的氫氧化鈉溶液少許，滴管一個。

遊戲步驟

第一步：在錐形瓶內添加蒸餾水40毫升，然後加入5克新鮮麵粉，混合攪拌，直到混合液中不存在麵糰為止。

第二步：在調配好的麵粉溶液中，滴入5滴酚酞試液。如果錐形瓶內的

混合液體不變色，再用滴管往裡面滴加氫氧化鈉溶液少許，一邊滴加，一邊震盪，直到瓶內的溶液呈現淺紅色，並且在一兩分鐘內不褪色為止。

第三步：記下所消耗的氫氧化鈉數量。

第四步：取5克待測的麵粉，按照**第一步**和**第二步**的方法，配置好混合溶液，觀察現象。

遊戲現象

假如消耗的氫氧化鈉，和第一次溶液配比所用的氫氧化鈉數量相同，則說明麵粉是新鮮的；假如消耗的氫氧化鈉數量是第一次的2.5倍，則說明麵粉已經變質了；如果在2.5倍以下，麵粉屬於陳年麵粉，不新鮮了，但還可以食用。

科學揭秘

澱粉是麵粉的主要成分。麵粉放置時間過長，就會產生一定數量的葡萄糖，葡萄糖在適當條件下，會逐漸分解成各種有機酸。

酚酞在酸溶液中無色，在鹼溶液中呈鮮紅色。如果麵粉是新鮮的，那麼它裡面所含的有機酸少，克服有機酸所用的氫氧化鈉（鹼溶液）也就少；反之，如果麵粉酸敗，那麼裡面的有機酸含量就高，克服有機酸所用的氫氧化鈉（鹼溶液）也就高很多了。

13、膨脹的酵母

我們吃的饅頭，經過了發麵、和麵、揉麵和蒸熟等數道工序。發麵需要用到酵母，你知道酵母為什麼能「發」麵嗎？

遊戲道具

塑膠瓶一個，溫水150毫升，糖適量，勺子一支，氣球一個，酵母少許。

遊戲步驟

第一步：塑膠瓶中加入酵母三勺、糖兩勺。

第二步：再往瓶中加入溫水。

第三步：將氣球套在瓶口上，一分鐘後觀察現象。

遊戲現象

塑膠瓶內的液體逐漸轉化成泡沫狀，而且氣球逐漸充氣、變大。

科學揭秘

酵母是真菌的一種。所謂真菌，是具有真核和細胞壁的異養生物。種屬很多，已報導的屬達1萬以上，種超過10萬個。酵母會吞食塑膠瓶裡面的糖，在吞食過程中，會產生二氧化碳氣體，二氧化碳氣體在水中形成了大量氣泡，上升到水面上，然後進入空氣中，氣球隨之脹大。

在發麵的時候，酵母吞食麵粉中的糖分，產生二氧化碳，使得麵粉脹大，麵也就「發」起來了。

14、巧手自製松花皮蛋

很多人喜歡松花皮蛋苦中帶香、風味獨特的口感。但是它的製作方法，卻很少有人知道。看完這個科學遊戲，相信你一定也能做出一手美味可口的松花皮蛋來。

遊戲道具

大燒杯一個，生石灰50克，稻糠（可也用鋸屑替代），鴨蛋或者雞蛋適量，大瓦罐一個，清水適量，純鹼3克，草木灰1克，食鹽2克，水20克，茶葉微量。

遊戲步驟

第一步：將生石灰、純鹼、草木灰、食鹽、茶葉放入燒杯中，添加清水攪拌均勻。燒杯中的物品放置二十四小時後，可以進行下一步。

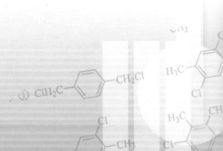

第二步：將新鮮的鴨蛋在調製好的材料中滾動幾下，鴨蛋表面會塗抹上
　　　　一層均勻的灰粉，然後再在稻糠或者鋸屑中滾動幾下。

第三步：用手輕輕擠壓黏在鴨蛋表面的稻糠，使其堅固，然後放入大瓦
　　　　罐中。

第四步：18～24℃的環境下，密封放置10天後，即可食用。

遊戲現象

　　一款味美鮮香的自製松花蛋，呈現在你的眼前。

科學揭秘

　　生石灰遇到清水後，變成了熟石灰。純鹼和草木灰中都富含碳酸
鉀，熟石灰和碳酸鉀發生化學反應，生成了氫氧化鈉和氫氧化鉀。具體
的化學反應式如下：

$$CaO + H_2O \rightarrow Ca(OH)_2$$

$$Ca(OH)_2 + Na_2CO_3 \rightarrow CaCO_3 \downarrow + 2NaOH$$

$$Ca(OH)_2 + K_2CO_3 \rightarrow CaCO_3 \downarrow + 2KOH$$

　　將原料放置二十四小時，是為了讓其中的各個物質相互之間充分反
應。

　　鴨蛋裹好外皮後，在密封的容器中放置十天。這十天中，鴨蛋內部
的反應也是很劇烈的。

　　草木灰中含有強鹼（NaOH、KOH），強鹼滲透過蛋殼，進入到蛋黃
和蛋清中，和裡面的蛋白質發生反應，致使蛋白質分解，蛋白質凝固，
並且釋放出少量的硫化氫（H_2S）氣體。

　　與此同時，原料中的純鹼滲透到蛋清蛋白質，和蛋白質分解出來的
氨基酸發生中和反應，生成晶體鹽，沉積在皮蛋蛋清裡面，形成了一朵

朵松花狀的花紋（這也是松花蛋得名的原因）。

蛋清和蛋黃中含有礦物質，這些礦物質和硫化氫氣體發生反應，生成了各種硫化物。在硫化物的作用下，蛋清和蛋黃的顏色發生了變化，蛋黃變成了墨綠色；而蛋清則變成了茶褐色。原料中的食鹽，使得蛋清蛋黃收縮，與蛋皮和蛋殼分離，增加了皮蛋的鹹香口味；茶葉中富含單寧和芳香油，這兩種物質能增加皮蛋的風味，並且給皮蛋凝固的蛋白質上色。

原料中的食鹽，具有防腐作用；原料中的鹼，殺滅了皮蛋中能夠引起腐敗的細菌。這也是皮蛋為什麼能夠長期放置而不壞的原因。

15、合成香精

　　人們很早就知道從各種植物的花、果實中提取一類叫香精的物質，用於護膚、護髮或添加到食品中。由於天然物質來源有限，人類便合成各種人造香精，下面這個實驗就是教你如何提取香精的。

遊戲道具

　　冰醋酸、異戊醇、濃H_2SO_4、苯甲酸、無水乙醇各適量，100毫升燒瓶一個，水浴鍋一個，10毫升量筒2個，50毫升量筒1個，分液漏斗一個。

遊戲步驟

【梨香精油的合成】

第一步：在燒瓶中注入10毫升冰醋酸（用溫水融化）和15毫克異戊醇，再加入5毫升濃H_2SO_4，混合均勻，置於水浴鍋上加熱數分鐘後冷卻。

第二步：冷卻後再慢慢加入30毫升水，振盪5秒鐘，注入分液漏斗，靜置分層，油層即為醋酸異戊酯。

【薄荷香精的合成】

在燒瓶中注入苯甲酸10毫升，無水酒精35毫升，濃硫酸5毫升，操作方法同上。

科學揭秘

在香精家庭中，酯類最多，合成原料是相對的羧酸和醇，如薄荷香精主要成分是苯甲酸乙酯，由苯甲酸和乙酸製得：$C_6H_5COOH + C_2H_5OH \rightarrow$（濃$H_2SO_4$）$C_6H_5COOC_2H_5 + H_2O$。梨香精油是乙酸異戊酯，由乙酸和異戊醇反應製得：$CH_3COOH + C_5H_{11}OH \rightarrow$（濃$H_2SO_4$）$CH_3COOC_5H_{11} + H_2O$。本實驗就來實現它們的合成。

16、酸鹼指示劑

許多植物的花、果、莖、葉中都含有色素，這些色素在酸性溶液或鹼性溶液裡顯示不同的顏色，可以做為酸鹼指示劑。

遊戲道具

滴管，量筒，大玻璃杯一個、小玻璃酒杯三個，玻璃棒，漏斗，紗布，紫甘藍葉子，碳酸氫鈉，白醋各適量。

遊戲步驟

第一步：把紫葉甘藍的葉子切成菜丁放入量筒中，並注入開水。

第二步：半個小時以後，水的顏色變成紫色，然後把變了色的水，用紗布過濾，用漏斗倒入大玻璃杯中。

第三步：取三個小玻璃酒杯，各倒入半杯清水，然後在第二杯中倒入少許白醋，第三杯中倒入少許碳酸氫鈉（即漂白粉）。

第四步：用滴管在每個杯中都滴入紫葉甘藍的汁。

遊戲現象

各杯中原來透明的水開始變色。第一杯變成紫色，第二杯變成紅色，第三杯則變成了綠色。

科學揭秘

酸鹼指示劑既然都是一些有機弱酸或有機弱鹼，那麼在不同的酸鹼性溶液中，它們的電離程度就不同，於是會顯示不同的顏色。在酸性溶

液裡，紅色的分子是存在的主要形式，溶液顯紅色；在鹼性溶液裡，上述電離平衡向右移動，藍色的離子是存在的主要形式，溶液顯藍色；在中性溶液裡，紅色的分子和藍色的酸根離子同時存在，所以溶液顯紫色。

　　紫葉甘藍的汁是一種指示劑，用它可以觀察化學反應，就像在化學中的試劑。在這裡，指示劑告訴我們：第一杯是中性的，第二杯發生了酸性反應，而第三杯則是鹼性反應。

17、「釣」冰塊

　　用鉛筆和絲線做一支釣杆，在一個杯子裡裝上水，讓一個小冰塊漂浮在水上。如何才能用這支魚杆把冰塊釣起來呢？

遊戲道具

　　鉛筆，細線，食鹽，玻璃杯，清水適量，小冰塊數個。

遊戲步驟

　　把絲線頭下降到冰塊上，然後在冰塊上撒少許食鹽。

遊戲現象

　　線頭立即就會凍在冰塊上。

科學揭秘

　　食鹽使冰塊融化，這恰恰是少許食鹽在冰塊上起的作用。一個物體融化時需要熱量，於是熱量被冰塊表面上沒有沾到鹽粒的地方攝走，所以這裡的液體立即重新結冰，把上面的線頭凍在冰塊上，於是就可以把它釣上來了。

生活應用

　　食鹽的主要成分是氯化鈉，溶於水後冰點在-10℃，凝固點較低，可以做融雪劑，因此在雪水中溶解了鹽之後就難以再形成冰塊。此外，融雪劑溶於水後，水中離子濃度上升，使水的液相蒸氣壓下降，但冰的固態蒸氣壓不變。為達到冰水混和物固液蒸氣壓相等的狀態，冰便溶化

了。這一原理也能很好地解釋了鹽水不易結冰的道理。

　　我們知道，水是一種特殊的物質，即結冰後密度變小（一般物質固態下的密度大於液態下的密度），因此，壓差越大，冰的熔點越低。常常見到，車輪碾過的地方雪往往易於融化就是這個道理。積雪的路面上灑上融雪劑後，再經車輛的碾壓就更易使雪融化。

18、蔬菜中維生素C的測定

蔬菜中富含維生素，以下的實驗可以幫助你直觀地觀察到這種營養物質。

遊戲道具

滴管一支，大玻璃杯一個，玻璃棒一根，青菜葉數片，開水和碘酒適量。

遊戲步驟

第一步：在玻璃瓶內放少量澱粉，倒入一些開水，並用玻璃棒攪動成為澱粉溶液。

第二步：用滴管滴入2～3滴碘酒，你會發現乳白色的澱粉液變成了藍紫色。

第三步：找2～3片青菜，摘去菜葉，留下葉柄，榨取出葉柄中的汁液，然後把汁液慢慢滴入玻璃瓶中的藍紫色的液體中，邊滴入邊攪動。

遊戲現象

這時，你又會發現藍紫色的液體又變成了乳白色，說明青菜中含有維生素C。

科學揭秘

澱粉溶液遇到碘變成藍紫色，這是澱粉的特性。而維生素C能與藍紫色溶液中的碘產生作用，使溶液變成無色。透過這個原理，可以用來檢驗一些蔬菜中的維生素C。

E=MC2

第三節

魔術中的化學

1、紙幣不怕火煉

常言道：「真金不怕火煉。」除了真金外，紙幣也不怕火煉，你一定不相信吧！

可是，事實上確實存在此事。一位魔術師在超市購物，在付錢時，他從錢包裡取出一張大小和100元票面一樣的白紙來，隨後將這張白紙送到收銀員面前，神秘地說：「我就用這個付款吧！」收銀員不解其意地說：「你有沒有搞錯。」話音剛落，只見這位魔術師將白紙往菸頭上一觸，說時遲那時快，只見火光一閃，眼前出現了一張100元的台幣。親愛的讀者，你知道這位魔術師表演的「火造紙幣」奧秘在哪裡嗎？

遊戲道具

紙幣一張，一層火藥棉，乙醚和乙醇的混合液適量，燒杯一個，玻璃棒一根，夾子一個。

遊戲步驟

第一步：將火藥棉溶解在乙醚和乙醇的混合液中，形成火棉膠。

第二步：把火棉膠塗在100元的台幣票面上，於是一張「白紙幣」造成了。

第三步：用菸頭接觸「白紙幣」。

遊戲現象

白紙在燃燒之後神奇地變成了紙幣。

科學揭秘

原來，魔術師的這張白紙是在台幣上貼了一層製成的火藥棉。火藥棉在化學上叫做硝化纖維，是用普通的脫脂棉放在按照一定比例配製的濃硫酸和濃硝酸發生了硝化反應，反應後生成硝化纖維，即成了火藥棉，然後把火藥棉溶解在乙醚和乙醇的混合液中，便成了火棉膠，把火棉膠塗在100元的台幣票面上，於是一張「白紙幣」造成了。這種火藥棉有個特殊的「脾氣」，就是它的燃點很低，極易燃燒，一碰到火星便瞬間消失，它燃燒速度快得驚人，甚至燃燒時產生的熱量還沒有來得及傳出去就已經全部燒光了。所以，100元的紙幣還沒有受到熱量的襲擊時，外層的火藥棉就已經燃光了，因此，紙幣十分安全。

遊戲提醒

「火造紙幣」是有趣的，不過，這裡要鄭重地說明：千萬不要隨便玩它，弄不好，不但火藥棉製作不出來，還容易發生危險。要玩「火造紙幣」就更不容易了，如果掌握不好藥品的數量，那麼100元紙幣就要和火藥棉「同歸於盡」了。

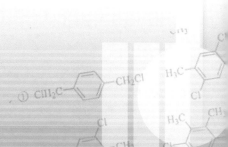

2、口中吞火

　　你是否曾經為口中吞火的魔術表演而感到驚訝？其實，這些表演者既沒有特異功能，也沒有神仙相助，而是實實在在的普通人。只要你掌握了科學原理，你也能表演類似的魔術。

遊戲道具

　　新鮮草莓數個，燒杯一個，高濃度白酒適量。

遊戲步驟

第一步：草莓洗淨，放入高濃度白酒中浸泡半個小時。

第二步：用筷子夾起草莓，點燃，放入口中，停止吸氣幾秒鐘。

遊戲現象

點燃後的草莓，變成了一個炫目的火球。但旁觀者不用提心吊膽，火球被吞下後，你只要停止吸氣數秒，火球會在口中自動熄滅。

科學揭秘

新鮮的草莓富含大量水分，在白酒中浸泡後，白酒中的水分和草莓中的水分相溶，草莓中的水分增多。這時候，草莓外壁聚集了大量白酒，白酒受熱開始燃燒，使草莓本身溫度迅速升高。

草莓本身的溫度並不高，不必擔心「烈焰」灼燒口腔，這是因為：
① 草莓受熱開始蒸發水分，吸去了酒精燃燒時所釋放的大量熱量；
② 烈焰內部的氧分也不是很足，酒精燃燒不充分，釋放出的熱量也不是很多。

遊戲提醒

草莓進入口腔後，你需要迅速閉上嘴，停止吸氣幾秒鐘，將火焰和周邊的空氣隔絕，烈焰會因沒有氧氣的供應而自動熄滅。這時候，你可以張開嘴，仔細品嚐白酒泡草莓的美味了，還可以向圍觀的朋友炫耀：看，我多厲害！

3、吹燃的棉花

用嘴巴對著棉花一吹，棉花就會燃燒起來。這並非特異功能人士在表演，而是實實在在的科學現象。

遊戲道具

過氧化鈉（Na_2O_2），脫脂棉，蒸發皿，鑷子，玻璃棒，細長玻璃管。

遊戲步驟

第一步：將脫脂棉舖開，往上面撒少量的過氧化鈉。用玻璃棒輕輕攪拌，讓過氧化鈉粉末充分進入脫脂棉中。

第二步：將帶有過氧化鈉的脫脂棉，用鑷子捲好，放置到蒸發皿中。

第三步：用細長玻璃管向脫脂棉緩緩吹氣。

遊戲現象

棉花奇蹟般燃燒了起來。

科學揭秘

用嘴吹氣會產生大量二氧化碳，二氧化碳和脫脂棉中的過氧化鈉反應，釋放出大量熱能，並且產生了氣體，致使棉花點火燃燒。

4、用火寫字

火能燒菜、燒水、取暖，還能寫字。你不相信？下面的科學遊戲，會打破你思維的限制。

遊戲道具

毛筆一枝，打火機一個，白紙一張，木條和硝酸鉀（$KNO_3$0）溶液各適量。

遊戲步驟

第一步：用毛筆沾取硝酸鉀溶液，在白紙上任意寫字。

第二步：在字的起始部位，用帶色的筆做一個記號。

第三步：將白紙晾乾後，放在地上。

第四步：將木條點燃（帶火星即可），用木條輕輕接觸白紙上標有記號的地方。

遊戲現象

帶火星的木條輕觸白紙後，立刻出現了火花；火花會沿著字跡向前蔓延，火花經過的地方，看起來就像用筆寫字一樣。

科學揭秘

用毛筆沾取硝酸鉀溶液在白紙上寫字後，白紙晾乾，硝酸鉀溶液會殘留在白紙上。當殘留的硝酸鉀溶液接觸到帶火星的木條時，硝酸鉀因為受熱，釋放出氧氣，繼而點燃，塗有硝酸鉀溶液的部分就會被燒焦，看起來就像用火寫字一樣。

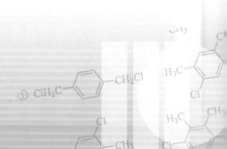

5、「清水」和「豆漿」之間的互變

德克薩斯州立中學化學實驗室中，正在舉行「化學魔術大賽」。第一個登台表演的是愛麗絲。只見她手拿一個無色透明的瓶子，裡面盛滿大半瓶清水，然後用橡皮塞蓋好。接著對台下觀看的師生們說道：「這個瓶子內的清水，不一會兒就能變成豆漿；我還能把豆漿再變成清水。」

魔術表演結束後，愛麗絲給師生們講解了清水和豆漿互變中的科學常識。掌握了這個常識，你也能進行魔術表演。

遊戲道具

透明的玻璃瓶一個，清水適量，明礬適量，火鹼片適量。

遊戲步驟

第一步：將適量清水和少量明礬裝進玻璃瓶，搖動玻璃瓶，使之徹底融化，觀察現象。

第二步：玻璃瓶的橡皮凹陷處，塞上少許火鹼片，蓋好，搖動玻璃瓶，觀察現象。

第三步：稍停片刻，再次搖動玻璃瓶，再觀察現象。

遊戲現象

第一次搖動玻璃瓶的時候，瓶子裡面的水還是清澈透明的，沒有任何變化；第二次搖動玻璃瓶的時候，玻璃瓶中的水變成了乳白色，類似

豆漿；第三次搖動玻璃瓶的時候，裡面的豆漿樣液體，又變成了清水。

科學揭秘

明礬的化學名稱為硫酸鉀鋁，溶解於水，所以第一次搖動玻璃瓶，瓶中是水還是無色透明的。

火鹼片的化學名稱為氫氧化鈉，第二次搖動玻璃瓶中的水，明礬溶液和火鹼片接觸，少量火鹼片溶解，和明礬發生化學反應，產生了乳白色沉澱物氫氧化鋁。其化學反應式如下：

$$2KAl(SO_4)_2 + 6NaOH \rightleftarrows 3Na_2SO_4 + K_2SO_4 + 2Al(OH)_3（乳白色）$$

愛麗絲第三次搖動玻璃瓶的時候，橡皮塞凹陷處的火鹼片，再次被溶液溶解，火鹼片和氫氧化鋁繼續進行化學反應，生成了無色透明的液體——偏鋁酸鈉，乳白色的「豆漿」，又變成了「清水」。其化學反應式如下

$$Al(OH)_3 + NaOH \rightleftarrows NaAlO_2 + 2H_2O$$

當然，這個「豆漿」和「清水」，都是不能食用的。

上面的這個科學小遊戲，證明了鋁特殊的化學性質：既有金屬性又有非金屬性。

6、點鐵成金

　　一根閃閃發亮的鐵棒，放入玻璃瓶中，用紅布蒙好。只聽到魔術師高喊一聲「變」，揭開紅布，你發現鐵棒變成了一根閃閃發光的金棒，你知道為什麼嗎？

遊戲道具

　　硝酸銅溶液，鐵棒一根。

遊戲步驟

將鐵棒放進硝酸銅溶液中，觀察發生的現象。

遊戲現象

閃亮的鐵棒，變成了金銅色。

科學揭秘

這個小魔術，僅僅是一個很簡單的化學反應。硝酸銅溶液和鐵棒發生反應，鐵棒中的鐵置換了出來，生成了硝酸亞鐵和銅。生成的銅附在鐵棒表面，看上去鐵棒真的變成了金棒。

遊戲提醒

鐵棒也可以變成銀棒。只要將遊戲中的硝酸銅溶液換成硝酸銀溶液即可。

7、點不著的棉布

舞台上的魔術師口才流利，動作嫻熟：「親愛的觀眾們，我這裡有一塊火柴點不著的棉布，你不信，上來試試。」魔術師說完，將一塊普通棉布浸泡在一盆水中，用吹風機吹乾後，點燃蠟燭，棉布放在蠟燭的火焰上面燒烤，棉布果然無法點燃，還冒出白色的煙霧。你知道這是為什麼嗎？

遊戲道具

氯化銨溶液少許，普通棉布一小塊，長柄夾子一個。

遊戲步驟

第一步：用長柄夾子將棉布浸入氯化銨溶液中，浸透後取出。

第二步：將棉布晾乾，然後用火柴點燃，觀察現象。

遊戲現象

棉布沒有被點燃，並且冒出了白色煙霧。

科學揭秘

普通棉布在氯化銨溶液中浸泡後晾乾，就變成了防火布了，所以無法點燃。

經過浸泡的棉布，表面附著了大量的氯化銨顆粒晶體。氯化銨怕熱，一旦遇熱就會發生化學反應，產生兩種氣體，將棉布和空氣隔絕。棉布失去了氧氣，也就無法燃燒了。兩種氣體在保護棉布不受燃燒的同

時，在空氣中相遇，再次化合成氯化銨小晶體。重新化合成的氯化銨小晶體在空氣中分佈，形成了類似於白煙的狀態。

氯化銨是最好的防火能手，在生活中廣泛應用。舞台上的佈景、艦艇上的木料等，都是經過氯化銨處理的，目的是為了更好的防火。

8、吹燃的蠟燭

　　蠟燭微小的火焰，是很怕風吹的。但也有一種蠟燭，用嘴一吹，就能點火照明，你是不是覺得很奇怪？

遊戲道具

　　滴管、蠟燭、玻璃棒各一支，白磷和二氧化硫溶液各適量。

遊戲步驟

第一步：將蠟燭燈芯散開。

第二步：白磷放入二氧化硫溶液中，用玻璃棒攪拌，用滴管滴入散開的

燈芯。

第三步：對蠟燭燈芯吹氣，觀察現象。

遊戲現象

蠟燭神奇地燃燒了起來。

科學揭秘

二氧化硫溶液極容易揮發，吹氣使二氧化硫溶液揮發速度加快。二氧化硫揮發完畢後，燈芯上只剩下了白磷。白磷和空氣中的氧氣接觸，產生了氧化反應，釋放出了熱量。當溫度超過35℃時，白磷就會自行燃燒起來，隨後引燃了蠟燭燈芯。

白磷在空氣中遇到氧氣會自燃，這種情況在自然界經常發生，尤其是墳地集中的地方。人們將其稱為「天火」或者「鬼火」。

9、白紙被清水點燃

一張白紙放進清水中，清水竟然將白紙點燃——在學校的聯歡晚會上，一位同學手拿一張白紙在表演化學魔術。只見他將白紙在觀眾中晃了兩下，將白紙折了又折，然後放進一盆清水中，白紙燃起了熊熊火焰！

清水是實實在在的清水，沒有添加任何物質；白紙也是實實在在的白紙。面對如此神奇的現象，我們該怎樣解釋呢？

遊戲道具

白紙一張，清水一盆，金屬鈉一小塊。

遊戲步驟

第一步：將金屬鈉放在白紙中央，折疊白紙數次（避免金屬鈉和空氣接觸被氧化）。

第二步：白紙放入清水中，觀察現象。

遊戲現象

白紙燃燒了起來。

科學揭秘

金屬鈉是白色的，放在白紙中央，表演者晃兩晃，台下的觀眾是無法辨別清楚的。

金屬鈉是一種非常活潑的化學物質，遇到水能產生劇烈的化學反

應，產生氫氣和氫氧化鈉，同時能釋放出大量熱能。包著金屬鈉的白紙
被浸透後，金屬鈉和水接觸發生反應，釋放的熱能使金屬鈉迅速到達燃
點，點燃了釋放出來的氫氣和白紙。

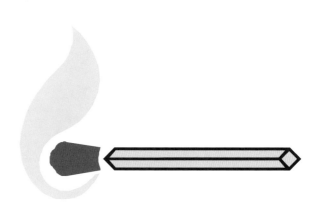

10、自動變小的雞蛋

在一般人看來，雞蛋殼的硬度是很高的，不容易變形。然而，魔術師卻將雞蛋變形縮小，通過一個比雞蛋略小的瓶口，讓雞蛋進入了瓶子，你知道這是為什麼嗎？

遊戲道具

雞蛋一個，瓶口比雞蛋略大的花瓶一個，瓶口比雞蛋略小的花瓶一個，清水適量，稀鹽酸少許。

遊戲步驟

第一步：大瓶子裝稀鹽酸，小瓶子內裝清水，兩個瓶子的液體外觀看上去一致。

第二步：面對你的觀眾，演示一下，雞蛋無法進入小瓶子，卻能順利進入大瓶子。

第三步：雞蛋進入大瓶子後，稍等片刻，將雞蛋取出來，試著放進小瓶子內。

遊戲現象

雞蛋成功通過小瓶口，進入到瓶子中。

科學揭秘

雞蛋外殼的主要成分是碳酸鈣。雞蛋進入大瓶子中的鹽酸溶液後，經過浸泡發生了反應：

$$2CaCO_3 + 2HCl \rightarrow Ca(HCO_3)_2 + CaCl_2$$

在反應過程中雞蛋殼溶解，導致雞蛋變軟。但雞蛋內膜不是由碳酸鈣構成的，不溶於稀鹽酸，所以又不會破裂，還能保持雞蛋的原來形狀。所以雞蛋能透過變形，順利通過小瓶口進入小花瓶。

遊戲提醒

① 兩個花瓶最好是透明的，讓觀眾看起來沒有疑心；對於兩個瓶子中的溶液，可以這樣解釋：裝上液體是為了保證雞蛋落進瓶子後不容易碎裂，增加雞蛋的緩衝力。

② 兩個花瓶做一下比對，雞蛋先試著放進小花瓶，明顯地告訴觀眾放不進去，然後再放進大花瓶內。

③ 大花瓶內的稀鹽酸，要在表演前試驗好，掌握好雞蛋變軟所用的時間。用濃醋酸代替稀鹽酸亦可。

11、氣功師掌中的白煙

　　一名在當地負有盛名的氣功師，正在進行發功表演。只見他雙手合十，掌中冒出了白煙，在場的人無不讚嘆氣功師功力高強。看完下面這個小遊戲，你還佩服「功力高強」的大氣功師嗎？

遊戲道具

　　濃氨水適量，濃鹽酸適量，雙面膠少許，棉花少許。

遊戲步驟

第一步：將雙面膠貼在掌心，棉花分成兩份，分別沾取濃鹽酸和濃氨水，各貼在雙掌掌心的雙面膠上。

第二步：雙手合十，學著氣功師發功的神態，配上口中的唸唸有詞，觀察現象。

遊戲現象

你會發現，雙手隨著逐漸合攏，兩個手掌間冒出了很多白色氣體。

科學揭秘

這些氣體就是煙。濃鹽酸和濃氨水接觸後，會產生氯化銨。氯化銨是一種特別微小的固體小顆粒，懸浮在空中，產生了白煙。濃鹽酸有腐蝕性，濃氨水有臭味，宜小心實驗。

12、燒不斷的棉線

　　我們都知道，絲綿製品是很容易燃燒的，可是，場上的魔術師用打火機將一節普通的棉線點燃後，棉線燃燒完畢後，仍然在魔術師的手中拎著，沒有化成灰燼，也沒有斷開。你知道這是怎麼回事嗎？

遊戲道具

　　清水適量，食鹽適量，普通棉線一條，打火機一個，長柄鐵夾子一個。

遊戲步驟

第一步：將食鹽倒進清水中，攪拌，使之混合成濃鹽水。

第二步：將棉線在濃鹽水中浸泡片刻，拿到桌子上晾乾。

第三步：用長柄鐵夾子夾住棉線，打火機點燃，觀察現象。

遊戲現象

　　棉線被點燃後開始燃燒，火焰熄滅後，還在鐵夾子上垂吊著，沒有斷開。為了更加說明問題，我們可以做一個比對：將沒用鹽水浸泡過的棉線點燃，燒完後的棉線，很快飛灰煙滅了。

科學揭秘

　　鹽水浸泡過的棉線，為什麼燒不斷呢？這是因為棉線被鹽水包裹著，鹽水裡面的棉線已經燒盡了。大家都知道，鹽是不能夠燃燒的，裹在棉線外面的那層鹽殼，於是被保留下來。不明真相的人認為那層鹽殼就是燃燒過的棉線。

13、水滴點燃的爆竹

水滴能將爆竹點燃嗎？看了下面這個小遊戲你就會明白。

遊戲道具

爆竹一個，過氧化鈉粉末少許，小木棍一根。

遊戲步驟

第一步：將過氧化鈉粉末黏在爆竹的導火線上。

第二步：小木棍沾水，「點燃」導火線，觀察現象。

遊戲現象

小木棍上的水滴，果真將爆竹引燃了。

科學揭秘

原來，木棒上的小水滴和過氧化鈉粉末發生了化學反應：$Na_2O_2 + 2H_2O \rightarrow 4NaOH + O_2\uparrow +$ 熱量，釋放出了大量氧氣和熱量，熱量引燃了氧氣，點燃了導火線，引爆了爆竹。

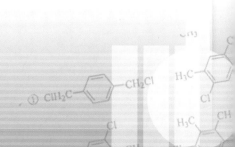

2

第二章

多彩的物理王國

$= mc^2$

E=MC2

第一節

玩轉物理

1、球和筆，誰跳得最高？

　　看完這個題目，你一定認為這是一個腦筋急轉彎遊戲吧！在下面的這個小遊戲中，的確可以鍛鍊你的腦筋，但不是急轉彎，而是科學常識。

遊戲道具

　　實心皮球一個，原子筆一支。

遊戲步驟

第一步：將實心皮球鑽洞，把原子筆插進去，要插得足夠深，但不要將整支筆都插進去。深淺程度以用手拿住筆，球不會掉下來為宜。

第二步：一手拿筆，上升到一定高度，讓球體自由下垂。然後鬆開球。球落地後，觀察球跳得高，還是原子筆跳得高。

遊戲現象

出人意料的是，實心球落地後，原子筆就像箭一樣，被彈得很高，而球僅跳動了一個很小的高度，或者根本沒有跳動。

科學揭秘

如果球上沒有插圓珠筆，球落地後，動能會使球彈跳起來。當插上原子筆後，球落地後產生的一部分動能，就轉移到了原子筆上了，所以筆會彈得很高。即便落地的球有很高的彈性，但是由於原子筆體積遠遠小於實心球，原擬筆彈起的高度，還是遠遠大於實心球的。

這說明運動產生的力，是可以在不同的物體之間傳送的。

遊戲提醒

不要在燈下做這個遊戲，否則彈起的原子筆有可能撞擊到燈。做這個遊戲的時候，要注意保護好臉部，免得原子筆彈傷眼睛。

2、落入酒瓶中的硬幣

　　一道看起來很難的遊戲，在科學常識面前迎刃而解。建議遊戲人數：兩人或者兩人以上。

遊戲道具

　　每人準備一根火柴，一枚硬幣，一個酒瓶（酒瓶口要大於硬幣，以便讓硬幣輕鬆落入瓶內）。

遊戲步驟

第一步：將火柴從中間折彎，但不要折斷。將折成V字型的火柴，架到瓶口上。

第二步：硬幣放到火柴上。

第三步：不允許用手、木棍等接觸硬幣、火柴和瓶子，誰先讓硬幣掉進瓶子內，誰就是優勝者。

科學揭秘

　　這個看似很難的遊戲，假如你知道遊戲的科學秘訣，會變得十分簡單。

　　只要你將手指伸進水中，讓手指上的水滴滴到火柴折彎的地方，這幾個小水滴會幫你的大忙。不一會兒，你會看到火柴折彎的地方竟然動了起來，V字型的口越來越大，最後硬幣掉進了瓶子中。

　　為什麼會出現這種現象呢？

　　原來，一般的火柴棒，都是用一般的木料製成的。木質中的導管，可以輸送水分；木質中的木纖維，堅硬富有韌性，可以輸送無機鹽。水滴滴在火柴折彎處，水會沿著木質纖維之間的導管，向火柴棒滲入。木纖維受潮後膨脹，這種膨脹在木纖維折彎處尤為明顯。所以火柴棒會逐漸變形伸直，支撐硬幣的V字型會逐漸收縮，硬幣失去了支撐，自然就掉到瓶子中了。

3、看得見的聲音

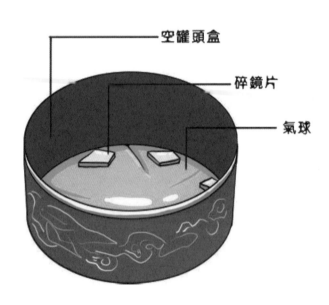

空罐頭盒

碎鏡片

氣球

　　大家都知道聲音是用來聽的。下面這個遊戲，聲音可以出現在你的眼前，讓你聽得到、看得見。

遊戲道具

　　空罐頭一個，氣球一個，剪刀一把，碎鏡片一塊，雙面膠少許。

遊戲步驟

第一步：空罐頭兩頭打通。

第二步：用剪刀從氣球上剪下一塊橡膠皮，繃緊到罐頭盒的一端。

第三步：繃緊的氣球橡膠皮上，用雙面膠黏貼幾個碎鏡片。不要黏貼在
　　　　橡膠皮的中心，要靠邊。

第四步：選擇一個陽光充足的晴天，對著太陽站在一面牆前面，人距離
　　　　牆壁三、四米遠。

第五步：手拿空罐頭，讓鏡子對著牆壁，你會看到碎鏡子將細碎的陽光
　　　　反射到了牆壁上。

第六步：對著空罐頭高聲喊叫，拉長聲音喊、變調喊、急促喊等，觀察
　　　　現象。

遊戲現象

　　你會看見鏡片在跳動，牆壁上的光斑，隨著鏡片的運動產生了不同
的圖形，這些圖形就是你所看到的「聲音的形狀」。

科學揭秘

　　「看到聲音」僅是一個具體的說法。其實你看到的不是聲音，而是
聲音所發出的振動。聲音在空氣中傳播，具有一定的能量。當作用到障
礙物的時候，能發出振動。在日常生活中，各種機械，比如鐘錶、機器
等，無論大機械還是小物件，只要發出聲音，都會產生振動。

　　目前，人們發明了一種名叫「示波器」的儀器，可以對聲音發出的
振動，做精確的研究。

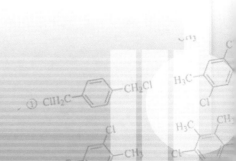

4、怎樣讓硬幣出來？

　　桌子上有一個玻璃杯，裡面倒扣著一枚硬幣。不允許用手碰到硬幣和玻璃杯，你能用怎樣的辦法取出硬幣呢？當你百思不得其解的時候，慣性會來幫你的忙。

遊戲道具

　　台布一塊（不能用塑膠台布代替），桌子一張，玻璃杯一個，五元硬幣兩枚，一元硬幣一枚。

遊戲步驟

第一步：將台布舖在桌子上。

第二步：玻璃杯倒扣在桌子上，一元硬幣位於玻璃杯杯口中間；兩枚五元硬幣將玻璃杯口支起來。

第三步：用手指輕輕在靠近玻璃杯處的台布上不停地抓刮，觀察現象。

遊戲現象

　　你會看到，硬幣會一步一步從玻璃杯裡面「走」出來，最後鑽出了杯子。

科學揭秘

　　這到底是怎麼回事呢？原來，當手指每次刮到台布的時候，具有鬆緊性的台布，就會往前拉伸一點點，杯子中央的一元硬幣也就跟著向前移動；當手指放開台布時，台布反彈回原狀，縮了回去，硬幣由於慣性

作用，會停留在原地。這樣，手指每刮一次，硬幣就會前進一小步，反反覆覆抓刮台布，硬幣就會不請自出了。

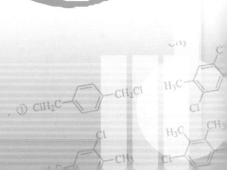

5、杯底抽紙

　　從杯子下面將壓著的白紙抽出來，這個看似簡單的動作，如果沒有科學的方法，是很難完成的。

遊戲道具

　　喝水用的杯子一個，形狀和大小不限；16開的白紙一張。

遊戲步驟

第一步：將杯子裝滿水，白紙壓在杯子下。

第二步：參加遊戲的人只能用一隻手去抽取杯子下面的白紙，不允許碰到杯子，也不允許將杯子拉到桌子下面；更不能讓杯子中的水灑落到桌子上。誰先將白紙抽出來，誰就是優勝者。

科學揭秘

如果沒有掌握正確的方法，這個看似簡單的動作，將難倒很多人。

最科學的方法是：毫不遲疑，用最快的速度猛然將白紙抽出來。這時候杯子只會抖動一下，就很快不動了。只要速度合適，即便水杯放在桌子邊沿，也不會落下來。相反，那些小心翼翼、動作緩慢的人，無論他們多麼仔細，動作多麼輕柔，其結果只能使白紙拉動杯子向前不停地挪動。

這個遊戲中蘊含的科學是「慣性」。由於動作迅速，慣性能使杯子保持原來的靜止狀態。

遊戲提醒

要想遊戲成功，必須讓杯子底部和外壁保持乾燥，如果沾上水，是無法成功將白紙抽出來的。

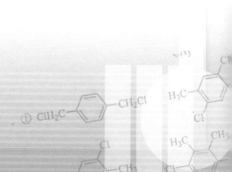

6、近距離「觀察」聲音

　　如果說聲音是用來聽的，恐怕沒人會反對；如果說聲音能夠看得到，恐怕有人會提出異議。下面這個科學小遊戲，能夠讓你近距離來觀察聲音。

遊戲道具

　　薄塑膠小碗一個，小木勺一支，鋁鍋一個，塑膠薄膜適量，橡皮筋一條，米粒少許。

遊戲步驟

第一步：在塑膠小碗上面蒙上一層塑膠薄膜，用橡皮筋繃緊，不要留下皺痕；

第二步：將米粒放在薄膜上面。

第三步：鋁鍋靠近塑膠碗，但不要緊挨著。用小木勺敲打鋁鍋，觀察現象。

遊戲現象

你會看見塑膠薄膜上面的小米粒四處亂蹦。

科學揭秘

當你用小木勺敲打鋁鍋的時候，鋁鍋會發出叮噹叮噹的聲音，聲音產生了振動，並且產生了聲波。聲波在空氣中四處傳播，觸動到了碗上面的塑膠薄膜，塑膠薄膜也產生了振動，進而使米粒跳動起來。

人之所以能聽得見聲音，是因為人的耳朵能夠接收聲波的功能。人的耳朵裡面有耳膜，耳膜很薄，高度敏感。當聲波接觸到耳膜的時候，耳膜就開始了振動。耳膜將這些振動，迅速傳播到耳朵裡面的液體中。於是，聽覺神經將這些聲音所蘊含的資訊，傳遞到大腦，大腦對這些聲音所蘊含的資訊進行解讀，這樣我們就能聽到各式各樣的聲音了。

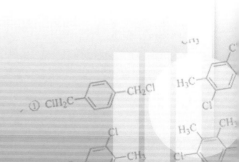

7、搖不響的小鈴噹

　　大家都知道，小鈴噹一搖，就會發出清脆的聲音，可是，這裡的小鈴噹卻搖不響，是怎麼回事呢？

遊戲道具

　　兩個同等大小的鐵製圓筒，兩個比圓筒大的膠塞，一個鈴噹，一盞酒精燈，一個鐵支架，水。

遊戲步驟

第一步：取下兩個鐵筒的上下底，換上膠塞，塞緊筒口，使之不漏氣。

第二步：在每個膠塞的下面繫一個小鈴鐺，用塞子塞緊筒口。

第三步：搖動鐵筒，從兩個鐵筒中都發出悅耳的鈴聲。

第四步：取下其中一個鐵筒的膠塞，向筒中注入少量的水，把鐵筒放在
　　　　鐵支架上加熱，使筒中的水沸騰；等大部分空氣排出後，迅速
　　　　塞緊膠塞，再把鐵筒放入冷水中冷卻，然後搖動鐵筒，就聽不
　　　　到鈴聲了，而搖動另一個鐵筒卻仍然聽到鈴聲。

科學揭秘

　　當加熱後的空氣全部排出後，把密閉的鐵筒放入冷水中冷卻，這
樣，鐵筒裡形成了真空，所以再搖動鐵筒就聽不到鈴聲了，這說明聲音
能在空氣中傳播，而在真空中是不能傳播的。

8、自造三弦琴

你喜歡音樂嗎？下面的科學小遊戲，告訴你自造三弦琴的方法。

遊戲道具

小鐵盒一個，三條橡皮筋（寬度各有區別），兩支筷子。

遊戲步驟

第一步：將三條橡皮筋套在鐵盒上，這樣一個簡易的三弦琴就製作好了。撥動橡皮筋，觀察現象。

第二步：兩支筷子插在橡皮筋下面，鐵盒每端各插一支。

第三步：再次波動橡皮筋，觀察現象。

遊戲現象

第一次撥動橡皮筋的時候，你會聽到聲音含糊不清，而且十分單調；第二次撥動橡皮筋的時候，三弦琴的聲音變得清晰動聽了，這是為什麼呢？

科學揭秘

原來，這和共振有關。共振是物理學上的一個運用頻率非常高的專業術語。共振的定義是兩個振動頻率相同的物體，當一個發生振動時，引起另一個物體振動的現象。共振在聲學中亦稱「共鳴」，它指的是物體因共振而發聲的現象，如兩個頻率相同的音叉靠近，其中一個振動發聲時，另一個也會發聲。

　　當你第一次撥動橡皮筋時，橡皮筋和鐵盒產生了摩擦，阻礙了橡皮筋振動的傳播，所以聽起來含糊不清。第二次撥動橡皮筋時，筷子將橡皮筋懸空，使橡皮筋和鐵盒的摩擦減少，橡皮筋和和鐵盒裡面的空氣發生共振，進而產生振動，聲音也因此更加清晰，更加深沉。

　　根據共振的原理，人們製造了小提琴等絃樂器。在此類樂器中，都有一個小空間，空間內的空氣和琴弦發生共振，進而發出美妙多彩的音樂——這就是絃樂器的發聲原理。

　　共振能夠帶來美妙的音樂，也能帶來災難。如果一座大橋，橋面上的交通工具或者行人所發出的振動，和大橋本身的振動相同的話，所有的振動，就會產生一個頻率相同的共振，大橋就會面臨坍塌的危險。

9、氣球載人

　　一些所謂的氣功大師站在氣球上飄飄然，他們真的有什麼特異功能嗎？為了解開這個謎，科技小組的同學們一起設計了以下實驗。

遊戲道具

　　氣球數個，一塊光滑的長木板。

遊戲步驟

第一步：在兩個相同的氣球裡邊充滿氣，並排放在地面上，上面放置一塊光滑長木板，體重小一些的同學站了上去，氣球安然無恙；體重大一些的同學站上去，氣球「砰」的一聲破裂了。

第二步：將兩個氣球套起來，再充滿空氣，在長木板兩端各放置一個這
樣的氣球，體重大一些的同學站了上去，氣球安然無恙，重複
數遍，效果皆然。

科學揭秘

　　為什麼弱小的氣球能承擔人的重力呢？原來氣球裡的空氣能將受到
的壓力向氣球各個方向均勻分散，就像自行車輪胎裡的空氣能將你的重
力均勻分散到輪胎各個地方一樣，從這個角度進行計算如下：

① 設每個氣球直徑d＝20公分，由面積公式s＝$4\pi r^2$可知，兩個氣球表
面積s＝2512平方公分。

② 設一個同學的重力G＝500N，由壓強公式P＝G/s，可知每平方公分面
積上受到的壓力只有 0.2 N，這是完全可以承擔的，實驗揭開了謎
底，氣球載人不是神話，而是科學。

遊戲提醒

　　本實驗要注意以下幾個問題：站上去的同學要盡力保持平衡；上下
木板時不能又蹦又跳，這會大大增加對氣球的壓力的；木板和地面要光
滑，任何的小凸起都可能造成實驗的失敗。

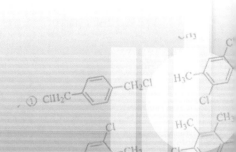

10、手機演繹的物理奧秘

　　手機的應用已非常普遍，它除了具有通訊、娛樂等作用外，在物理實驗教學中也有著廣泛的作用。

① 一隻小小的手機可以證明：聲音是由物體振動產生的。

　　遊戲方法：先將手機設置成「來電振動」顯示狀態，並放在工作台面上，手機不振動，沒有發出聲音；接著用另一隻手機撥打該手機，手機振動，可以聽到手機與桌面間因振動發出的聲音，說明聲音是由物體振動產生的。

② 一隻小小的手機可以證明：聲音的傳播需要介質。

　　遊戲方法：將手機設置為「來電鈴聲」顯示並懸掛在玻璃罩內，用另一隻手機去撥打它，可以清楚地聽到鈴聲。用抽氣機逐漸抽去玻璃罩內的空氣，鈴聲越來越小，直到聽不到了，說明聲音不能在真空中傳播。

③ 一隻小小的手機可以證明：電磁波能在真空中傳播。

　　遊戲方法：將手機放在玻璃罩內，用另一隻手機撥打，能接通；將玻璃罩內空氣抽去，依然可以接通；這說明電磁波可以在真空中傳播。

④ 一隻小小的手機可以證明：靜電屏蔽。

　　遊戲方法：取一封閉金屬網罩（網格要小些，如鐵紗網），將手機懸掛其內，然後用另一隻手機去撥打，聽到的聲音是「對不起，您撥的電話暫時無法接通，請稍後再撥」，說明金屬網罩內沒有電磁信號，該手機已經被遮罩。

E=MC2

第二節

熱能的個性表演

1、銅絲為什麼會發熱？

一根銅絲拿在手中，感覺涼絲絲的。突然之間它會變得灼熱燙手，你知道這是為什麼嗎？

遊戲道具

銅絲一根（或者鐵絲）。

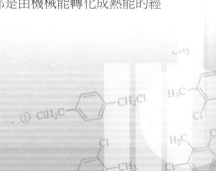

遊戲步驟

兩手僅僅捏住銅絲，迅速折彎多次，然後用手試探折彎處，會有怎樣的感覺呢？左手緊握銅絲，右手拉住銅絲在左手間快速抽動數次，感覺有怎樣的現象產生呢？

遊戲現象

感覺銅絲變得灼熱燙手。

科學揭秘

這是因為物體之間的摩擦，可以產生熱能。

第一個試驗是銅絲在折彎的時候，銅絲內部分子之間產生劇烈摩擦，摩擦力轉換成了熱能；第二個試驗是銅絲和手之間的摩擦，銅絲和手之間的摩擦轉換成了熱能。這兩種情況都是由機械能轉化成熱能的經典案例。

2、巧手製作保溫器

學會下面這個小遊戲，你可以向同伴們炫耀：你看，我自己也會製作熱水瓶了哦！

遊戲道具

帶蓋子的大瓶子一個，帶蓋子的小瓶子一個，小玻璃杯一個，熱水一杯，膠帶一圈，玻璃杯一個，軟木塞一個，剪刀一把，鋁箔兩小片。

遊戲步驟

第一步：將兩小片鋁箔包在帶蓋的小瓶子外面，用膠帶固定。鋁箔的亮面朝裡。

第二步：在玻璃杯和帶蓋的小瓶子裡面倒上熱水，將小瓶蓋擰緊。

第三步：軟木塞放在大瓶子的底部，將小瓶子放在軟木塞上面，蓋上大瓶蓋，這樣，一個保溫器就製作完成了。

第四步：十分鐘後，觀察小瓶子和玻璃杯裡面的水，看看情況怎樣。

遊戲現象

十分鐘後，取出大瓶子裡面的小瓶子，用手指試探，小瓶子裡面的水是熱的，而玻璃杯裡面的水溫，遠遠低於小瓶子裡面的水溫。

科學揭秘

「絕緣體」能有效阻止熱能的傳播。如果熱的物體被絕緣，那麼溫度就會保持長久；反之，熱的物體如果不被「絕緣」，就會很快變冷。

絕緣體的作用，就是不讓熱（同時包括熱外面的冷）輕易通過。我們日常用的熱水瓶，就是這個道理。

在這個小遊戲中，瓶蓋阻止了熱向上散發軟木塞和大瓶中的空氣，阻止了小瓶子熱水向下和四周傳導熱能；而鋁箔的亮面，也有助於保溫。

暖瓶中為什麼總會是熱的？因為暖瓶中有亮面做為襯裡，有嚴密的瓶蓋，所以熱水的大部分熱無法散逸逃出。暖瓶不但可以保溫，還可以保冷：將冷飲放進暖瓶中，冷飲也不會變熱，因為暖瓶阻擋了外面的熱進入。

3、無法燒毀的布條

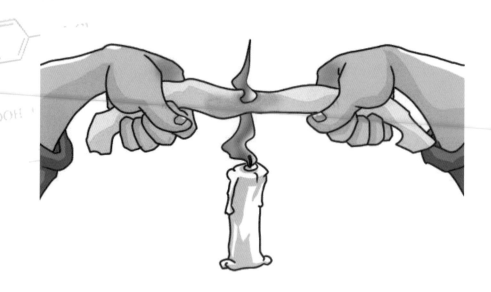

　　布條上面沾滿了易燃的酒精，酒精燒完了，布條卻毫髮無傷，你知道這個布條為什麼如此神奇嗎？

遊戲道具

　　棉布條一根，蠟燭一根，打火機一個，酒精少許，一杯清水。

遊戲步驟

第一步：將棉布條用水浸濕，中間滴上少許酒精。

第二步：點燃蠟燭，用手握住布條兩端，將布條張開，移動到蠟燭上方，讓蠟燭火焰燒烤滴有酒精的部分，觀察現象。

遊戲現象

棉布條滴有酒精的部位上方燃起了火焰，就像蠟燭的火焰穿過了布條在燃燒一樣。當拿下布條時，奇怪的現象出現了：布條竟然沒有燒毀！

科學揭秘

在揭示這個遊戲現象之前，我們先看一下下面這個類似的小遊戲：

用白紙做成的杯子，裝上水在蠟燭火焰上燒烤。杯子裡面的水燒開了，但紙杯卻沒有著火。

原來，水在沸騰過程中，溫度都不會超過100℃。被水浸透的棉布，只要水分不乾，棉布在火上燒烤，棉布的溫度也不會超過100℃。所以，雖然酒精燃燒了，紙裡面的水燒開了，棉布和白紙都沒有被燒毀，因為棉布和白紙的燃點都超過了100℃。

4、神祕消失的熱量

我們知道，能量是以不同的方式存在的，既不會憑空產生，也不會憑空消失，它只能從一種形式轉化為另一種形式。可是，在本遊戲中，火焰產生的熱能，為什麼消失了呢？

遊戲道具

燒杯一個，酒精燈一盞，溫度計一個，勺子一支，打火機一個，冰塊和水適量。

遊戲步驟

第一步：將冰塊和水混合倒在燒杯中，一邊倒一邊用勺子攪拌，然後用溫度計測量燒杯內液體的溫度，直到顯示為0℃為止（要讓溫度計上的小球完全浸沒在冰水中，不要碰燒杯壁）。

第二步：用打火機點燃酒精燈，將燒杯加熱一分鐘，熄滅酒精燈，用勺子攪拌燒杯內的冰水。

第三步：用溫度計重新測量燒杯內的冰水，觀察現象。

遊戲現象

溫度計還是顯示為0℃。

科學揭秘

酒精燈燃燒了一分鐘產生的熱量，全部傳導給了燒杯，可是燒杯內的溫度卻一點也沒有增加，酒精燈傳導的熱能，為什麼消失了呢？

事實上，熱能一點也沒有消失。只要水裡面有冰，水溫總會保持在0℃。給燒杯加熱的熱能，都被融化的冰消耗了。當冰水裡面的冰徹底融化後，繼續加熱，熱能才能使水溫升高。

5、鐵環中的硬幣

一個很有意思的關於熱脹冷縮的小測試，如果不實際動手，恐怕會有很多人答錯。

遊戲道具

硬幣一枚，細鐵絲一根（粗細和迴紋針差不多），長柄木夾子，蠟燭一根，尖嘴鉗一把，打火機一個。

遊戲步驟

第一步：鐵絲通過硬幣平面直徑，將硬幣環繞，然後用尖嘴鉗將鐵絲介面處擰緊，形成一個鐵絲環。鐵環的要求是：硬幣剛好豎立從裡面通過，不大不小正合適。

第二步：打火機點亮蠟燭，長柄夾子夾住硬幣，在蠟燭火焰上燒烤幾分鐘。

第三步：再次將硬幣放入鐵環中，觀察現象。

遊戲現象

硬幣無法通過鐵環了。

科學揭秘

硬幣受熱後發生了膨脹，所以無法通過鐵環。等硬幣冷卻後恢復了原狀，又能通過鐵環了。

6、被點燃的蠟燭

點燃蠟燭，這應該是很容易的事情。但不許使用化學方法，不許接觸蠟燭燭芯，你能將蠟燭點燃嗎？

遊戲道具

打火機一個，蠟燭一根。

遊戲步驟

第一步：先用打火機點燃蠟燭，讓蠟燭燃燒片刻。

第二步：吹滅蠟燭，觀察燭芯冒出來的白煙。

第三步：用打火機的火焰接觸白煙，觀察現象。

遊戲現象

你會發現蠟燭重新被點燃了。

科學揭秘

儘管打火機的火焰沒有接觸到燭芯，蠟燭卻被神奇地點燃了起來，這是為什麼呢？原來，蠟燭經過燃燒被吹滅後，蠟燭燭芯以及其周圍的蠟質，都還處於極高的溫度中，被大量熱量包圍著。這些熱量以白色煙霧的形式散發出來，這些帶有大量熱量的煙霧，是可以被點燃的，遇到明火即可燃燒，引燃了蠟燭。

7、煮不死的魚

我們知道，將一條活魚與冷水同煮，水不到沸騰時，魚就會死去。而下面介紹的一個小實驗卻會讓你感到吃驚：魚可以在沸騰的水中自由自在地游來游去。

遊戲道具

活的小魚一條，大試管一個，酒精燈一盞，打火機一個，清水適量。

遊戲步驟

第一步：取一個大試管，裡面裝滿水，再放入一條小魚。

第二步：用酒精燈加熱試管上部，直到上部的水沸騰。

遊戲現象

你將看到，試管上部的水沸騰了，而底部的小魚卻若無其事，依然在游動。

科學揭秘

小魚為什麼煮不死呢？這是因為水是極不容易傳熱的物質，即使試管上部的水溫升到100℃，下面的水仍然是冷的，所以下面的小魚不會被煮死。

遊戲提醒

如果用酒精燈加熱試管的下部，問題就出來了，這時試管下部是熱

水，而上部是冷水，熱水的密度小，就會上升，而冷水就會下降，進而形成對流，將熱量傳到水的上部，這樣整個試管中的水就會沸騰，小魚就只有死路一條了。

8、杯中的水為什麼會發熱？

　　在農村流行著一種簡易熱水器，黑色的塑膠袋裡面裝滿了清水，日曬後水溫升高，就可以洗澡了。你知道這是為什麼嗎？

遊戲道具

　　兩個玻璃杯，一塊黑布，一個溫度計。

遊戲步驟

第一步：兩個玻璃杯內裝滿清水，放置在陽光充足的地方。

第二步：將一個玻璃杯蒙上黑布，一段時間後，用溫度計探測兩個玻璃杯裡面的水溫。

遊戲現象

蒙有黑布的玻璃杯水溫升高。

科學揭秘

這是因為黑色的東西容易吸收陽光。在本遊戲中，黑布吸收陽光，將陽光聚集在一起轉化為熱量，熱量將周圍的空氣和下面的水加熱。我們平時穿黑色的衣服，在陽光充足的天氣會感到更熱。農村中的簡易熱水器，全都是用黑色塑膠袋製作的，就是考慮了黑色吸收陽光的這一原理。

9、耐高溫手帕

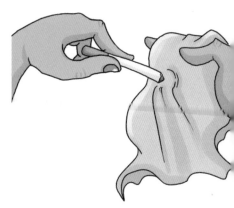

　　薄薄的絲織品手帕，一根點燃的香菸卻燙不壞。大家都知道，香菸燃燒時的表面溫度為200℃到300℃之間。什麼樣的手帕這麼神奇，可以承受如此高溫呢？

遊戲道具

　　硬幣兩枚，舊手帕一條。

遊戲步驟

第一步：將硬幣緊緊包裹在手帕中，用力擰緊。

第二步：點燃一根香菸，用香菸燙包裹硬幣的手帕（香菸和手帕接觸的時間不宜過長）。

遊戲現象

　　手帕完好無損，沒有被燙壞。取一條舊手帕，如果不包裹硬幣，手帕一下子就被燙出了一個洞。

科學揭秘

　　這是因為手帕接觸到菸頭後，裡面的硬幣很快將菸頭的熱量分散，所以手帕完好無損。如果菸頭在手帕上停留的時間過長，熱量就會越積越多，得不到很好的揮發，手帕就會被燙壞。

10、手的「魔力」

太陽可以提供熱能，高處墜落的水能夠提供動能，那麼，我們的人體有能量嗎？

遊戲道具

帶有橡皮擦頭的鉛筆一枝，剪刀一把，A4紙一張，大頭針一枚。

遊戲步驟

第一步：用剪刀將紙裁成7.5公分見方的正方形，沿兩條對角線分別對折，展開之後紙上會出現兩條交叉的痕跡。

第二步：按照折痕，將正方形往上推，形成一個高度大約為1.25公分四面凹的椎體。

第三步：取來鉛筆和大頭針，並將大頭針插入橡皮頭，將椎體兩條對角線的交叉點頂在大頭針上。

第四步：坐在椅子上，將鉛筆夾在膝蓋中間，將雙手併攏成杯狀，放在距離椎體2.5公分的地方。

遊戲現象

一分鐘過後，手就會發出神奇的「魔力」，椎體慢慢地旋轉起來。

科學揭秘

椎體之所以能夠旋轉，是因為我們的手有溫度，提供了熱能，使椎體附近的空氣受熱，發生上升現象，因此能夠使大頭針上端平衡的紙轉動起來。

11、教你做「孔明燈」

相傳「孔明燈」是三國時期蜀國大軍事家、大謀略家諸葛亮發明的，用於戰爭期間部隊之間互相通信，現在，請跟著下面這個遊戲動動手，你也來做盞孔明燈吧！

遊戲道具

薄紙若干張，剪刀一把，竹條一根，細鐵絲一根，膠水，酒精棉球，火柴一盒。

遊戲步驟

第一步：把薄紙剪成若干張紙片，將第一張紙片的一邊與第二張的一邊黏在一起，再黏第三張、第四張……依次黏上去，直到拼成一個兩端鏤空的球狀物，像一個燈籠一樣。

第二步：再剪一張圓形薄紙片，把上面的圓空口糊住，膠水乾了以後，把紙氣球吹脹。

第三步：用一根薄而窄的竹條，彎成與下面洞口一樣大小的竹圈，在竹圈內交叉兩根互相垂直的細鐵絲並繫牢，然後把竹圈黏在下面洞口的紙邊上，把酒精棉球紮在鐵絲中心，這樣，孔明燈就做好了。

科學揭秘

這個遊戲利用了空氣受熱膨脹的原理，點燃酒精棉球時，孔明燈內

的空氣受熱，體積就會膨脹，就會向外跑一部分，這時孔明燈受到的空氣的浮力大於孔明燈的自重和內部的空氣的自重之和，孔明燈受到向上的浮力，就會飄起來。

遊戲提醒

注意糊成的紙氣球除了開口以外，其他部分不能漏氣。

12、水火交融

真是不可思議！水和火不是一對冤家嗎？怎麼會相互交融呢？

遊戲道具

蠟燭，鐵釘一枚，大口玻璃瓶，火柴。

遊戲步驟

第一步：在大口玻璃瓶中注入2/3清水。

第二步：讓一截蠟燭頭漂浮在裝滿水的大口玻璃瓶中，事先要用一枚合
適的鐵釘為其加重，讓蠟燭頭的上端剛好露出水面。

第三步：點燃蠟燭，觀察會發生什麼現象。

遊戲現象

蠟燭燃燒一段時間後，照理應該下沉才是，也就是說，當蠟燭頭和
鐵釘的分量大於被排除的水量時。但是，蠟燭卻仍然飄在水面繼續燃
燒。

科學揭秘

因為在火苗周圍形成了一層薄薄的蠟膜壁。蠟在水中達不到熔點，
所以不會蒸發和熄掉。

13、紙杯燒水

燒水通常用的是鐵壺、銅壺，你想過用紙杯也能燒開水嗎？

遊戲道具

一個質地較硬的紙杯，蠟燭一根，鐵鉗一把，一盒火柴，清水適量。

遊戲步驟

第一步：在一個水泥平台上，用火柴點燃蠟燭。

第二步：用鉗子夾起紙杯，懸在火焰正上方。

第三步：一直端著紙杯，直到水燒開。

遊戲現象

紙杯中的水已經沸騰，但是紙杯卻不會被點燃。

科學揭秘

火焰的溫度原本高於紙杯的燃點，可是由於紙杯和水都被加熱，紙杯中的水吸收了大量熱量，而開水的溫度低於紙的燃點，這樣紙杯的溫度始終無法達到燃點，於是紙杯就不會燃燒。在這裡，水起到了控制溫度的作用。

$$E=MC2$$

第三節

「淘氣」的水精靈

1、水中取糖

我們知道火中取栗會燙手，在水中取糖該用怎樣的妙法呢？

遊戲道具

白糖少量，小湯勺一支，爐子一個，打火機一個，鋁鍋一個。

遊戲步驟

第一步：鋁鍋內裝水，放入白糖適量，用湯勺攪拌，使之徹底融化。

第二步：打火機點燃爐子，將鋁鍋放置在爐子上面，不停蒸煮。

第三步：期間品嚐鍋蓋上面凝結的水滴。隨著水分逐漸蒸發，觀察現象。

遊戲現象

鍋蓋上面凝結的水滴是淡水的味道，沒有一點白糖的甜味；當鋁鍋內的水分蒸發到一定程度時，你會看見有白糖析出來。

科學揭秘

水受熱會蒸發，但白糖受熱不會蒸發，所以鋁鍋鍋蓋上的水沒有甜味。鍋內的水分蒸發完畢後，會將白糖留下。這樣，你就成功將白糖從水中取了出來。

你還可以用清水和咖啡、清水和鹽來做這個試驗，得到的結論都是一樣的。如果想將溶液進行分離，蒸發就是一種最好的方法。我們得出的結論是：可溶物質是不會和水一起蒸發的。蒸發可以使溶液分離，但只有純淨的水才能被蒸發出來。

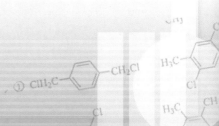

2、漂浮在水面上的彩雲

水壺裡面的冷水為什麼能被燒熱煮沸？看完下面這個「飄在水面上的彩雲」的小遊戲，你就會明白其中的道理了。

遊戲道具

一個透明的玻璃容器，一個小玻璃瓶，紅色墨水。

遊戲步驟

第一步：玻璃容器內倒上溫度較低的清水。

第二步：小瓶內裝滿熱水，滴入幾滴紅墨水。

第三步：將小瓶子蓋好蓋，放入玻璃容器內，玻璃容器內的水要將小瓶子淹沒，然後去掉小瓶子上面的蓋子，觀察現象。

遊戲現象

小瓶子內的紅色墨水從玻璃容器內漂浮到了液體表面，就像漂浮在水面上的彩雲。彩雲在水面上擴散，不一會兒開始下沉，和其他無顏色的清水融合。

科學揭秘

水和其他物質一樣，也是由很小的分子構成的。水受熱，水分子的運動加速，水分子開始鬆散開來，由冷狀態的緊密排列，變成了熱狀態下的鬆散排列，因此質地變得更輕。這就是為什麼溫度較高的彩色水，漂浮在溫度較低的清水上面的緣故。隨著兩種水溫的接近，差別消失，

兩種顏色的水開始互相融合了。

　　知道了這個遊戲的科學道理，我們再看為什麼水壺中的冷水受熱後變暖煮沸。水壺和湯鍋一般都是用鋁製品做成的，能夠很好地聚集熱量和散發熱量。水壺受熱後，水壺底部的水開始受熱，溫度變高，開始上升；溫度較低的水開始下降。就這樣冷熱循環，熱能被傳導到水壺的各個地方，這種方式叫做對流。透過對流，爐火將水壺中的水燒熱煮沸。熱量在空氣中的流動，也是這個道理。

3、漂浮在水面上的針

比水重的大頭針，能在水面上漂浮，你知道這是為什麼嗎？

遊戲道具

縫衣針一根（或大頭針），乾淨的玻璃杯一個，濾紙一張，清水適量，肥皂水適量。

遊戲步驟

第一步：玻璃杯內加注適量清水。

第二步：將縫衣針或者大頭針放在濾紙上，一起放入杯子的水面上，濾紙承載著縫衣針，漂浮在液面上。

第三步：稍等片刻，觀察現象。

第四步：往玻璃杯內注入少許肥皂水，觀察現象。

遊戲現象

稍等片刻之後，濾紙被水浸濕，濾紙下沉，卻發現縫衣針漂浮在水面上了；往玻璃杯裡面添加了肥皂水後，卻發現縫衣針下沉到了水底。

科學揭秘

促使液體表面收縮的力叫做表面張力。液體表面的分子受到向內的一股力量牽引，所以液體會儘量向內收縮，滴在桌子上的水滴不會無限制平攤，而是形成圓球狀，就是液體表面張力作用的結果。

縫衣針之所以漂浮在水面上，是因為液體表面張力的作用。和縫衣

針接觸的液體，形成了表面張力，就像繃緊的薄膜，將縫衣針托在水的表面上。

　　加入肥皂水，破壞了水的表面張力，所以導致縫衣針下沉。

　　一般情況下，水的表面張力大約為71.96 達因／公分；而1% 肥皂水的表面張力約為29.11達因／公分，5%肥皂水的表面張力約為28.26達因／公分。由此可知，肥皂水的表面張力小於水的表面張力，水內注入肥皂水後，混合液體的表面張力降低，導致縫衣針下沉。

4、噴水比賽

這是一個簡單而且好玩的遊戲，建議遊戲人數在兩人以上。

遊戲道具

一人一個空罐頭，鐵錐一把。

遊戲步驟

第一步：每人自己用鐵錐在空罐頭上鑽出一個小孔（鑽孔的時候要注意安全，千萬別扎傷手）。

第二步：用手指堵住小孔，往罐頭裡面注滿水。

第三步：參加遊戲的小朋友們站在一條直線上，伸直手臂。隨著一聲比賽開始，一起放開堵住小孔的手指，看誰的罐頭裡面的水噴的最遠。

科學揭秘

其實不用比賽，單看罐頭上鑽的小孔就知道遊戲的勝負了。在罐頭上端鑽洞的，流出水的距離最近；小孔越靠下，水噴出的距離也就越長。因為水本身就有一個壓力，小孔上面的水液面越高，水所施加的壓力也就越大，噴出來的水也就越遠。

5、水滴「走鋼絲」

讓水滴從一條細線上像雜技演員「走鋼絲」一樣「走」過去，你能做到嗎？

遊戲道具

兩個玻璃杯，一塊肥皂，一條細線，膠帶，清水適量。

遊戲步驟

第一步：用肥皂把線擦一遍，在其中一個杯子中倒入半杯水。

第二步：用膠帶把一條細線的兩端固定在兩個杯子的內側，距杯口二～三公分。

第三步：拿起裝水的杯子，與另一個杯子形成坡度。

第四步：輕輕拉緊細線，往外倒水。

遊戲現象

你就會看到水滴在線上一滴滴滾到另一個杯子裡。

科學揭秘

用肥皂把細線擦一遍，改變了水的表面張力，增加了水和線的吸引力。這種表面張力使水變成圓形水滴，並能沿細線流過。

6、濕衣服上的水到哪裡去了？

衣服用水洗後晾在繩子上，過段時間就乾了，衣服上的水，到哪裡去了呢？

遊戲道具

兩個容量相同的水杯。

遊戲步驟

第一步：將兩個水杯倒滿清水，放置到陽光充足、通風的地方，其中一個水杯蓋緊蓋子，另一個水杯敞開口。

第二步：一天後，觀察兩杯水的液面高度。

遊戲現象

蓋蓋子的水杯液面沒有變化；敞開口的水杯液面降低。

科學揭秘

水杯通風受熱後，杯子中的水分變成了細小的水蒸氣，在空氣中飄走了。衣服清洗後之所以能晾乾，就是這個道理。

除了熱量能使水分子蒸發外，流動的空氣，比如風，我們吹出的氣，也能使水分子蒸發。

在常規氣壓下，水被加熱煮沸後的溫度是攝氏100度。沸騰的水產生了氣泡，氣泡破裂後，形成了一層氣霧，這就是水蒸氣，水蒸氣從水的表面飛散到空中。順便說一下，氣壓不同，水的沸點也不同。在空氣

稀薄的高海拔地區，氣壓相對較小，水燒不到攝氏100度，也會沸騰。

等品質的水蒸氣，要比水占的空間大，大約是水的1700倍。假如將一定品質的水壓縮在一個堅固密封的容器裡，在外面給容器加熱，那麼，容器內的水會變成水蒸氣，所聚集的能量是巨大的。在一定壓力下，水蒸氣釋放出的能量，可以推動機器——19世紀問世於英國、世界上第一台蒸汽機，就是在這個原理指導下發明的。

7、遇冷膨脹──水的奇怪特性

　　我們都知道，熱脹冷縮是物體的一種基本性質。在一般狀態下，物體遇冷後會收縮；遇熱後會膨脹。所有的物體都具有這種特性，而且在生活中十分常見。比如：踩扁的乒乓球在熱水中一燙就能恢復原狀，是因為乒乓球內部空氣遇熱膨脹的緣故；鐵軌之間留有縫隙，是為了給鐵軌在遇熱膨脹時留有空間；兩根電線杆之間的電線，在冬天之所以繃得很緊，是因為電線遇冷收縮等等。

　　但是，有沒有例外呢？

遊戲道具

玻璃瓶一個，冰箱一台，毛巾一條。

遊戲步驟

第一步：玻璃瓶內裝滿冷水，用毛巾包好放進冰箱裡面。

第二步：等玻璃瓶內的水完全結冰後，打開冰箱，觀察現象。

遊戲現象

玻璃瓶被脹裂了。

科學揭秘

水在結冰的時候，體積增大，脹裂了瓶子。毛巾包裹瓶子，是為了防止玻璃碎片散落在冰箱內。

水在攝氏 4 度以上會熱脹冷縮，而在攝氏 4 度以下會冷脹熱縮。當液態的水遇冷，變成固體的冰塊時，內部分子之間開始擴大，體積也隨之增大。因此，冰的密度要比水小，巨大的冰塊，之所以能夠漂浮在水面上，就是這個道理。所以，水的體積是超越於「熱脹冷縮」這一規律的。

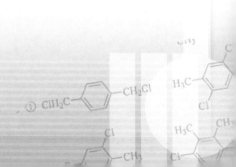

8、飄在空中的水

怎樣讓水「飄」在空中，不落下來？這個科學小遊戲可以為你破解難題。

遊戲道具

玻璃杯，平塑膠蓋。

遊戲步驟

第一步：把一個玻璃杯灌滿水，用一個平的塑膠蓋蓋在上面。

第二步：按緊蓋，把杯子一下倒轉過來。把手拿開，塑膠蓋卻貼在杯子上，擋住了杯中的水流出。（動腦筋仔細想一想，為什麼）

遊戲現象

水神奇地「飄在空中」。

科學揭秘

在一個十公分高的杯子裡，水對塑膠蓋每平方公分產生的重量為10克（因為一立方公分的水重一克）。而蓋子外面的空氣對每平方公分的壓力卻達1000克。它比水的重量大許多倍，因而死死頂住了塑膠蓋，既不讓空氣進入，也不會讓水溢出。

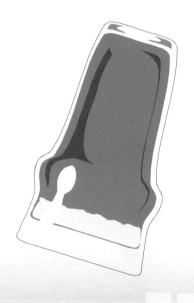

9、乾燥的水

一般情況下水會浸濕其他物體，但在一定條件下也會有「乾燥的水」。當你把手伸進水裡再拿出來時，你會發現手卻是乾的！這是為什麼呢？

遊戲道具

一小瓶胡椒粉，兩個玻璃杯，水，一根研磨棒。

遊戲步驟

第一步：把一個玻璃杯裝滿水。

第二步：在另一個玻璃杯中放入一些胡椒粉，然後用研磨棒慢慢研磨，要研磨得非常細。

第三步：等杯內的水面平衡後，小心地撒上磨得很細的胡椒粉，直到胡椒粉蓋住整個水面，這時不要再移動杯子，以免使胡椒粉沉下去。

遊戲現象

慢慢地將手指伸進水裡，然後迅速拿出，你會發現手完全沒有被水浸濕，是乾燥的。

科學揭秘

伸進水裡的手指，只有擊破水面的膜，才會被浸濕，而胡椒粉強化了這層膜，使水分子聚合在一起。實驗中杯裡的水像一個氣球，受到外力擠壓它就會收縮。只有外力足夠大擊破水膜時，手指才會變濕。

10、水倒流

你一定聽說過「水往低處流」這句話吧！但下面這個實驗會告訴你，有時水也會向高處走。

遊戲道具

兩張紙巾，飲水杯，水，碗。

遊戲步驟

第一步：把紙巾緊緊捲在一起形成繩索，從中間把繩索折彎。

第二步：將折好的紙繩一端放在杯子裡，另一端靠在碗邊，仔細觀察實驗現象。

遊戲現象

碗中的水慢慢減少。

科學揭秘

碗裡的水透過紙繩滲透到杯子裡，如果杯子的位置相對於碗來說足夠高的話，碗中的水將會被吸乾。這是因為紙巾的纖維之間，有數萬甚至數百萬個小空隙。水會流進這些小空隙，沿著扭曲的紙巾前進，這種移動叫作毛細作用。水會從植物的根部移動到其他部位，也是這個道理。

遊戲提醒

為了防止漏水，最好在廚房的水槽裡進行這個實驗。

11、可怕的「流沙河」

　　《西遊記》裡號稱「鵝毛飄不起，蘆花定底沉」的流沙河很嚇人吧？可是那是神話小說，假的！不過，如果跟著我做，你也能製造出「流沙河」來。

遊戲道具

　　一小張蠟紙，一顆銅鈕釦，一大碗水，清潔劑。

遊戲步驟

第一步：把蠟紙平放在水面上，在蠟紙上放鈕釦。

第二步：不斷地往水裡滴入清潔劑。

遊戲現象

蠟紙和鈕釦慢慢沉入水底。

科學揭秘

蠟紙就像鵝和鴨子體表油乎乎的羽毛一樣，表面也含有油，是防水的，同時因為油的密度比水小，所以蠟紙能夠托起鈕釦漂浮在水面上。而清潔劑會分解油脂，使水附著在蠟紙上，進而使蠟紙的重量增加，蠟紙和鈕釦自然就會慢慢沉下去了。

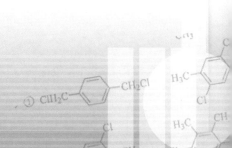

12、瓶中的雲

空氣中含有水蒸氣，那麼你知道水蒸氣是怎麼生成雲的嗎？

遊戲道具

一個裝汽水的空塑膠瓶，一張黑紙。

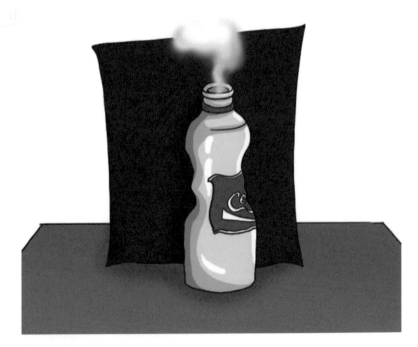

遊戲步驟

第一步：將水灌滿空塑膠瓶，然後再將水全部倒出。

第二步：蓋上瓶蓋，用手使勁擠壓塑膠瓶瓶體。

第三步：將塑膠瓶放在桌上，背後襯一張黑紙。

第四步：旋開瓶蓋，稍稍擠壓瓶子的上部，動作要輕，仔細觀察現象。

遊戲現象

當擠壓開著蓋子的空瓶時，你會看到從瓶口升起一小股雲霧！

科學揭秘

在使勁擠壓蓋著蓋子的空瓶時，瓶中的空氣受到壓縮，這就像在加熱，使瓶中殘存的水分變成了看不見的水蒸氣。而旋開蓋子，等於給瓶中的空氣減壓，使它們冷卻，那些已經變成氣態的水分又重新返回液態，於是我們就看到了瓶口上方的雲霧。大氣中的雲也是按這個原理生成的。當地表氣團上升時，升得越高，受到的大氣壓力就越小，因為越高的地方空氣越稀薄。於是，氣團就不斷「減壓」，同時逐漸冷卻。如果這是個濕氣團，它所含有的水蒸氣就會不斷地變成水滴而匯聚成雲！

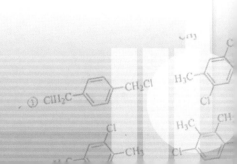

13、和水有關的天氣現象

做飯的鍋蓋上，為什麼佈滿細密的小水滴呢？

遊戲道具

鍋蓋一個，鋁鍋一口。

遊戲步驟

第一步：鋁鍋內添加水，蓋上鍋蓋在火上加熱至水沸。

第二步：持續一段時間後，觀察鍋蓋。

遊戲現象

你會發現鍋蓋上佈滿了細密的小水滴。其實這個小遊戲不必單獨做，在媽媽做飯的時候，平時多注意觀察就行了。

科學揭秘

鋁鍋內是水遇熱升溫，沸騰後生成水蒸氣，和鍋蓋接觸。鍋蓋的溫度和水蒸氣的溫度相比較低，水蒸氣遇到冷的鍋蓋，釋放出熱量，又轉化成了液態的水，這個過程稱之為液化。這也就是鍋蓋上佈滿小水滴的原因。

15、永不沸騰的水

　　無論怎樣加熱，這杯水卻怎麼也燒不開，這裡面有什麼科學秘密呢？

遊戲道具

　　大小燒杯各一個，酒精燈一盞，溫度計一個。

遊戲步驟

第一步：將盛滿水的小燒杯放入盛水的大燒杯裡面去。

第二步：用酒精燈給大燒杯加熱，觀察現象。

遊戲現象

　　不一會兒大燒杯裡面的水燒開了，但無論加熱多長時間，小燒杯裡面的水卻不沸騰。用溫度計測量，兩個燒杯內的水溫相同。

科學揭秘

　　在物理學上，水被燒沸稱之為液體汽化。所謂汽化，也就是物質由液態變為氣態的過程。液體汽化要吸收熱量。大燒杯直接接觸火源，可以源源不斷地得到熱量，不斷地沸騰；而小燒杯只能從大燒杯沸騰的水中得到熱量，小燒杯內的水溫，隨著大燒杯內的水溫一起升高。當大小燒杯內的水溫達到100℃時，大燒杯內的水沸騰汽化，水溫不再升高了。這樣，大小燒杯之間也就不能再進行熱量交換了，小燒杯無法再從大燒杯那裡吸取熱量，也就無法進入汽化狀態。

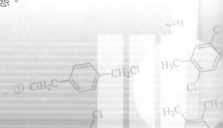

14、調皮的軟木塞

一個軟木塞，一會兒喜歡待在水杯中間，一會兒喜歡待在水杯旁邊，你知道這裡面蘊含著怎樣的科學原理嗎？

遊戲道具

玻璃杯一個，軟木塞一個。

遊戲步驟

第一步：將水杯中裝滿水，使水高於杯口。將一個軟木塞輕輕放在水平面上，觀察現象。

第二步：將杯中的水倒掉一些，使液面低於杯口，將軟木塞輕放在水面上，觀察現象。

遊戲現象

在第一步中，軟木塞總會跑到杯口邊上，任你一次次將它放到水中間，它總會一次次游走；第二步中，軟木塞很不情願待在杯口邊上，這次它十分願意佔據杯口中間的位置，儘管你一次次將它放到杯口旁邊，它還是會跑到杯口中央。

科學揭秘

我們知道，水分子之間具有內聚力，這種表現在水表面的內聚力叫做表面張力。它好比一層看不見的膜。液體的表面張力最弱的地方通常是在液體最低處，裝滿水的杯子，水的最低處就是杯口，這裡的表面張力最弱，軟木塞最容易在這裡破壞水的表面張力。這就是軟木塞在中間待不住的原因。知道了這個道理，也就不難解釋為什麼在第二步中，軟木塞願意待在杯口中央了。軟木塞不會在杯子邊上停留是因為有兩個力跟它作對：一個是表面張力，我們在上一則遊戲中已經談過了；另一個是水和玻璃杯之間的吸引力，水把玻璃杯浸潤了，靠杯口的水面被吸附得高起來一些（這種現象叫做毛細現象）。我們知道，表面張力最弱的地方最容易遭到破壞，現在水面最低處是在中心位置，難怪軟木塞要在水中心待著。

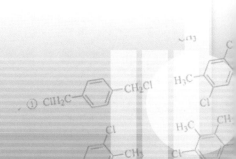

16、沒有味道的冰淇淋

　　用了很多牛奶和糖，冰淇淋的表面，卻沒有一點味道，這是為什麼呢？

遊戲道具

　　白糖和牛奶各適量，不銹鋼大碗一個。

遊戲步驟

第一步：將白糖和牛奶倒入大碗中，調和均勻。

第二步：放入冰箱內冰凍一兩個小時，使其充分冰凍，然後拿出來，品
　　　　　嚐一下。

遊戲現象

和意想之中大不相同的是，擺在你面前的並不是一碗蓬鬆可口的冰淇淋，下面的牛奶還沒凍好，大碗的表面是白生生的冰渣，沒有一點味道。

科學揭秘

為什麼下面的牛奶沒有冰凍？為什麼上面的冰碴沒有味道呢？原來，水在結冰的時候，有一個重要的特性：排除異己。水分子將糖和牛奶都排除了，所以牛奶沉澱在下面。為什麼市面上的冰淇淋牛奶和糖分混淆冰凍在一起了呢？這是因為冰淇淋在生產過程中，是需要不停攪拌的。

海水在結冰的時候，水分子也會將鹽分排擠掉，鹽分會向溫度較高的地方移動。海水的溫度高於冰塊的溫度，所以被水分子排擠出來的鹽分，都移入了大海。鹽分在水分子的排擠、地心引力的雙重作用下，向下移動。所以，一般海平面上的冰，都是淡的，和腥鹹的海水大不相同。當然，這種口味極淡的海水冰，也不是短時間內形成的，需要長年累月，才能將裡面的鹽分排除乾淨。

17、會跳舞的水滴

在寒冷的冬天圍爐團坐，是一件十分愜意的享受。爐子上的水壺燒開了，沸騰的水滴跌落在火紅炙熱的鐵板上，水滴沒有被蒸發，反倒跳起了舞蹈，真奇怪！

遊戲道具

鐵盤子一個，水壺一個。

遊戲步驟

將鐵盤燒到不同的溫度，每次灑上同樣溫度的水，觀察現象。

遊戲現象

你會看見水滴在溫熱的鐵盤上迅速蒸發乾了；當鐵盤的溫度很高時，水滴非但沒有蒸發，反倒跳起了舞蹈，最長時間竟然持續了三、四分鐘。

科學揭秘

這個現象一度讓科學家們感到費解：溫度較低的鐵盤上的水滴，為什麼反倒要比溫度高的鐵盤上的水滴早蒸發呢？

科學家們為了揭開這種現象，用高速攝影機拍攝了水滴舞蹈時的場景，然後逐一進行分析，終於揭開了裡面的秘密：原來，當水滴碰著灼熱的鐵板的時候，水滴和鐵板相挨著的部分立刻汽化，在鐵板和水滴之間，形成了一個保護層——蒸汽層，蒸汽層使水滴和鐵板隔開，將鐵板

的熱量傳到水滴上。鐵板的熱量經過了蒸汽層傳給水滴，熱傳輸的速度變慢。在這個時段內，水滴可以盡情地在灼熱的鐵板上彈跳、舞蹈。而溫熱鐵板上的水滴，沒有蒸汽層的保護，很快蒸發了。

18、給流水打個結

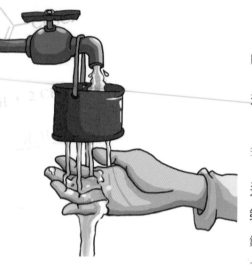

　　流水也能夠打成結，科學遊戲真奇妙！

遊戲道具

　　一個1000克容量的鐵桶，尖鐵錐。

遊戲步驟

第一步：取一個1000克容量的鐵桶，用鐵錐在靠近底部並排鑽五個2 mm 直徑的小孔。

第二步：把鐵桶放置在水龍頭下方，打開水龍頭，讓水從五個孔中流出。

第三步：用手指在五個孔上滑過，觀察現象。

遊戲現象

　　五股水流會合併起來，就好像是扭在一起。

科學揭秘

　　水分子是相互吸引的，並因此在內部產生一種使液體表面縮小的張力。這也是水滴形成的力量。我們在這個試驗中，可以清楚地看到這種力量：它使水流導向側旁，然後統合起來。

19、自動灌溉系統

　　每天都要澆花實在是很麻煩，下面這個小實驗可以幫助你設計一個智慧灌溉系統。

遊戲道具

　　葡萄酒瓶，花盆，水。

遊戲步驟

　　把葡萄酒瓶灌滿清水，用手捂住瓶口，然後猛然翻過來，口朝下插在花盆中。用這個方法，瓶中的水可以灌溉植物好幾天。

科學揭秘

　　瓶中的水流入土中，待周圍的土壤潮濕以後形成密封狀態，空氣無法注入瓶中，瓶中的水即不再外流。天氣暖和的時候，你可以觀察到，瓶中升起的氣泡，要比天冷的時候多，因為熱天植物需要更多的水。

E=MC2

第四節

妙趣無窮的光

丨、變色水

　　我們一起來玩一個叫「變色水」的小遊戲，這裡既沒有魔術技巧，也沒有神奇的幻術，而是奇妙的光學現象。

遊戲道具

　　一點紅墨水或者紅藥水，無色透明、沒有花紋圖案的玻璃杯一個，檯燈一盞，清水少許。

遊戲步驟

第一步：往玻璃杯裡面注入半杯清水。

第二步：杯子中滴入幾滴紅墨水或者紅藥水。

第三步：打開檯燈，拿玻璃杯對著檯燈觀察，看水裡面的顏色。

第四步：離開檯燈再看，玻璃杯裡面的水，變成了怎樣的顏色？

遊戲現象

　　對著燈光，玻璃杯裡面的水是粉紅色的；離開了燈光，玻璃杯裡面的水變成了綠色。

科學揭秘

在做這個遊戲之前，大家一定會認為，往水杯裡面滴入紅墨水，水的顏色一定是紅色或者粉紅色的。沒想到這個玻璃杯出現了「魔幻反應」，竟然生成了綠色，你說奇怪不奇怪！

說怪也不怪，因為這裡面有光的科學原理。第一次，我們手拿玻璃杯對著燈光觀察的時候，看到的是透射光，所以看到水的顏色是粉紅色的；當我們離開燈光，光線是從杯中反射出來的光，所以看到的顏色是綠色的。這涉及到兩個概念，投射光和反射光。有興趣的朋友，可以深入瞭解這兩個概念的含義。

遊戲提醒

做這個遊戲時，有紅藥水最好用紅藥水，容易成功，效果較好。用紅墨水時，得事先試一試，不同牌子的墨水，效果不一樣，有的甚至做不成這個遊戲。

2、晝夜分明的地球儀

假如世界沒有光，我們的生活將會變得怎樣？感謝愛迪生發明了電燈，能夠讓我們生活在夜晚的光亮中。下面這個遊戲，讓你認知到光是怎麼傳播的。

遊戲道具

地球儀一個（也可以用大小適中的圓球代替），手電筒一隻。

遊戲步驟

第一步：選擇一個房間，關上電源就能使屋子裡面變得黑暗。

第二步：打開手電筒，對準地球儀直射。

第三步：轉動地球儀，觀察現象。

遊戲現象

無論怎樣轉動地球儀，被手電筒照射的半邊總是明亮的，而另一半總是黑暗的。

科學揭秘

　　這說明光是按照直線的途徑傳播的，它不能彎曲，也不能自動繞過障礙物，照亮和它不處於一條直線上的物品。因為光的這種特性，我們才生活在晝夜平分的生活裡——太陽總會照亮地球對著它的那一半，而另一半則處於黑夜中。

3、黑鏡子，亮白紙

在一間漆黑的屋子裡，打開一隻手電照射前面的一張白紙和一面鏡子，你會感覺哪個更亮呢？或許在這個遊戲開始之前你會信心百倍地說：鏡子比白紙更亮！實踐是檢驗真理的唯一標準，我們先進行遊戲再下結論吧！

遊戲道具

一間屋子，一面鏡子，一張白紙，一個夾子，一隻手電筒。

遊戲步驟

第一步：將白紙固定在夾子上，將鏡子和白紙放在前方。

第二步：關掉屋子裡面的燈，使之變成黑暗。

第三步：對著鏡子和白紙打開手電筒，觀察現象。

遊戲現象

如果角度正好合適，你會發現手電筒光籠罩下的鏡子是黑色的，紙則很亮。如果鏡子看上去也是閃亮的，就把鏡子左右調整一下角度鏡子也就變成黑色不亮的了。

科學揭秘

為什麼在同等條件下，白紙要比鏡子亮呢？這是因為鏡子的表面十分光滑平整，它對光的反射是十分規則整齊的。一束光遇到鏡子後，由於反射光會改變前進方向，但光在新方向上的運動，是十分整齊的。如

果你的眼睛和鏡子折射的光不處在同個方向上，你就無法看到鏡子反射的光，所以鏡面看上去是黑色的。當鏡子轉換角度，反射的光進入你的眼睛後，你才能看到鏡子中耀眼奪目的光芒。

　　而白紙對光的反射就不同了。白紙的表面是凸凹不平的，光束照射到白紙上後，會向四面八方不同方向反射，這在物理學上稱之為「漫反射」。漫反射使得更多光線進入我們的眼睛，借助漫反射，我們在任何方向都能夠清晰地看到被照亮物體，觀察到它們的顏色和細節，並且將它們和周圍的其他物體區分開來。所以，手電筒光照射過去，白紙在任何角度，看上去都是明亮的。

4、水裡面的硬幣

　　為什麼我們可以透過透明的玻璃看到對面的東西，而無法透過紙張、鐵片等看到對面的東西呢？這涉及到物體的透光性原理。

遊戲道具

　　一枚硬幣，一個透明的玻璃杯，清水適量，黑墨水適量。

清水

透明的玻璃杯

硬幣

遊戲步驟

第一步：將硬幣放到玻璃杯裡面，倒上清水，我們可以看到玻璃杯底的硬幣。

第二步：將黑墨水滴到玻璃杯子裡，玻璃杯的水被染黑，觀察現象。

遊戲現象

如果玻璃杯內的清水被稍微染黑，我們還可以看到水底的硬幣，但是變得模糊了；如果倒入的黑墨水比較多，我們將無法看到玻璃杯裡面的硬幣。

科學揭秘

這說明有的物體具有透光性，比如玻璃和清水；有的物體不具備透光性，比如白紙和鐵片。只有不具備透光性的物品，才能遮擋光線的傳播，形成陰影。

有過海上航行經驗的人都知道，我們可以透過較淺的海水，看到魚蝦、礁石和水草，隨著船隻向海洋深處划動，我們將無法看到海裡面的景象了。這說明即便是具有透光性的同一物品，深度和厚薄也會影響物體的透光效果。大家都知道玻璃是透明的，但是厚度達幾公尺的玻璃，就無法透光了。

除了透明物體和不透明物體之外，還有一種介於兩者之間的東西——半透明物體。這種物體只能讓一定數量的光線通過，留下模糊的輪廓。

5、水管裡面流動的光

大家都知道，光線是透過直線傳播的。可是你見過在彎曲的水管裡面流動著的光線嗎？

遊戲道具

手電筒一隻，透明的軟塑膠瓶一個，透明的薄軟塑膠管一根，黑顏色的厚布一塊，剪刀一把，膠帶適量，打火機一個，蠟燭一根，臉盆一個。

遊戲步驟

第一步：塑膠瓶裡面裝滿清水，蓋上蓋子。

第二步：在塑膠瓶的蓋子上鑽一個小孔；插進塑膠管。用打火機點燃蠟燭，將融化的蠟油滴入塑膠管和瓶蓋之間的縫隙，使之密封、固定。

第三步：手電筒的鏡頭部分和塑膠瓶的底部連接，用膠帶固定，然後再用黑厚布將塑膠瓶和手電筒鏡頭部分包裹嚴實。

第四步：找一間黑暗的屋子，打開手電筒，讓瓶子裡面的水透過管子流入臉盆，觀察現象。

遊戲現象

你會發現水管裡面有發光的水流進了臉盆裡。

科學揭秘

手電筒打開後，光線透過塑膠瓶內的清水，傳播到了管子裡，光線順著管子「流了出來」。

在上面的遊戲中我們知道，光線是透過直線來傳播的，為什麼能穿過彎曲了的軟管呢？光線是無法彎曲的，但可以不斷被水管壁反射，以z字形的路線向前傳播，這種現象稱之為「全內反射」。

光之所以能通過彎曲的管道，是因為管道將這些光分解成好多部分，然後透過短距離的直線傳播──最終保持直線向前的傳播形式。

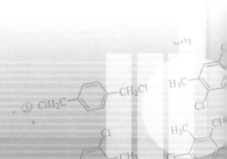

6、水底下的硬幣

大家都知道水是透明的，玻璃也是透明的。透過透明的玻璃和透明的水，你未必能看到你想看到的東西。

遊戲道具

一個乾淨透明的玻璃，一枚硬幣，一個碟子。

遊戲道具

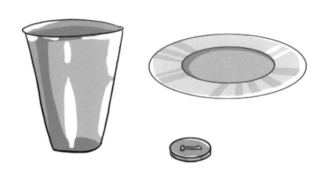

遊戲步驟

第一步：在玻璃杯裡面裝滿清水。

第二步：硬幣壓在玻璃杯下面，玻璃杯上面蓋上碟子。

第三步：試著觀察杯子下面的硬幣，你能看得到嗎？

遊戲現象

無論從哪個方位，你都無法看到杯子下面的硬幣。

科學揭秘

去掉碟子，我們可以清晰地看到水杯下面的硬幣，碟子將硬幣擋住了。光線從一個透明的物體，進入另一個透明物體的時候，會發生折射現象。例如我們平時看盛滿水的游泳池底，要比實際的淺，這是因為折射導致視覺產生了錯誤。水杯上方放置碟子，硬幣的圖像因為折射上移，被反射到了碟子底部，所以無法看到杯子下面的硬幣。

光從一種介質斜射入另一種介質時，傳播方向通常會發生變化，這種現象叫光的折射。舉一個例子而言，在一個玻璃杯裡面裝滿水，插入一根吸管，看起來好像從入水的地方折斷了，這是折射現象造成的錯覺——當光從空氣中進入水中，形成了折射現象。

游泳池的水，為什麼看起來比實際水位要淺？手指浸入臉盆，為什麼看起來胖了很多？所有這些現象，都是折射現象下的視覺錯誤。水總比我們看到的要深，所以漁夫們用魚叉捕魚的時候，他們不是瞄準所看到的魚的位置，而是瞄準水下稍深的位置來投擲魚叉。

我們平時所說的海市蜃樓，是和光線的折射有關係的——儘管有一些不同的聲音，但目前科學界的主流觀點認為，海市蜃樓是光線的折射性。

7、光的顏色

我們平時所看到的光，是什麼顏色呢？別急著回答，看看下面這個小遊戲。

遊戲道具

手動小陀螺一個，彩色筆一盒，直尺一把，小刀一把。

遊戲步驟

第一步：用直尺和小刀在小陀螺的表面上，劃分七個面積等同的扇形區域。

第二步：每個區域分別用彩色筆塗上七種顏色：紅色、橙色、黃色、綠色、青色、藍色和紫色。

第三步：快速轉動陀螺，觀察現象。

遊戲現象

你會發現塗滿七種顏色的陀螺表面，成了一種顏色——白色。

科學揭秘

將一個三稜鏡放在陽光下，透過三稜鏡，光在牆上被分解為不同顏色，我們稱為光譜。牛頓的結論是：正是這些紅、橙、黃、綠、青、藍、紫基礎色有不同的色譜才形成了表面上顏色單一的白色光。

上面的這個小遊戲也充分說明，不同顏色在高速旋轉的時候，形成了一種單一的顏色——白色。

8、近距離觀察照相機暗箱

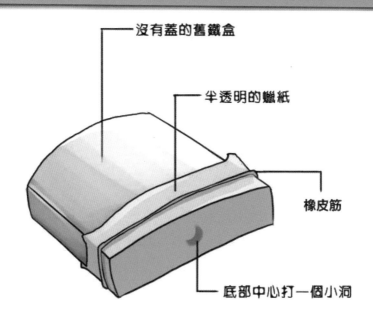

沒有蓋的舊鐵盒

半透明的蠟紙

橡皮筋

底部中心打一個小洞

你知道照相機的暗箱裡面是怎樣一個天地嗎？下面這個遊戲，給你介紹了照相機暗箱替代品的製造方法，可以讓你近距離觀察照相機暗箱裡面的「神秘天地」，到時，你一定會感到既新鮮又有趣。

遊戲道具

沒有蓋的舊鐵盒（如空罐頭）一個，半透明的蠟紙或油紙一張，細線（或橡皮筋）一根，大一些的黑布（或毛毯）一塊。

遊戲步驟

第一步：在鐵盒的底部中心打一個小洞，將蠟紙或者油紙蒙在鐵盒口

上，用細線或者橡皮筋固定好。

第二步：將鐵盒放在窗台上。所選擇的這個窗台，要清楚地看到被陽光
照射的樹木或其他美景。

第三步：用大黑布將你的頭和鐵盒蓋住，注意別把鐵盒的小孔蓋住。

第四步：眼睛距離蠟紙大約三十公分，你會看到什麼呢？

遊戲現象

你會看到一幅天然色彩的美景。這個美景要比實物景觀小很多，而
且還是倒著的！

科學揭秘

照相機的暗箱，是利用物理學中小孔成像的原理。暗箱中的景物，
倒映在照相機的底片上。只不過照相機的小孔上面，裝著一塊小透鏡，
所以拍到的畫面明亮而且清晰。

用一個帶有小孔的板遮擋在螢幕與物之間，螢幕上就會形成物的倒
像，我們把這樣的現象叫小孔成像。前後移動中間的板，像的大小也會
隨之發生變化。這種現象反映了光線直線傳播的性質。

國家圖書館出版品預行編目資料

全世界都在玩的科學遊戲 / 腦力&創意工作室編著.
第一版——臺北市：**宇河文化**出版；
紅螞蟻圖書發行, 2009.6
面 ； 公分. ——（新流行；19-20）

ISBN 978-957-659-715-2（上冊；平裝）
ISBN 978-957-659-716-9（下冊；平裝）

1.科學 2.科學實驗 3.通俗作品
307.9   98007037

新流行 19

全世界都在玩的科學遊戲（上）

編　　著／腦力&創意工作室
審　　訂／藍彥文
美術構成／Chris' office
校　　對／周英嬌、朱慧蒨、楊安妮
發 行 人／賴秀珍
總 編 輯／何南輝
出　　版／**宇河文化** 出版有限公司
發　　行／紅螞蟻圖書有限公司
地　　址／台北市內湖區舊宗路二段121巷19號（紅螞蟻資訊大樓）
網　　站／www.e-redant.com
郵撥帳號／1604621-1　紅螞蟻圖書有限公司
電　　話／(02)2795-3656（代表號）
傳　　真／(02)2795-4100
登 記 證／局版北市業字第1446號
法律顧問／許晏賓律師
印 刷 廠／卡樂彩色印刷有限公司
出版日期／2009年6月　第一版第一刷
　　　　　2014年5月　第一版第二刷

定價240元　港幣80元
ISBN 978-957-659-715-2　　　　　　　　Printed in Taiwan